Dr. Heidemarie Langner

Clevere Tipps für den Geschäftsbrief

Bestell-Nr. 961

U-Form Verlag Hermann Ullrich GmbH & Co. KG

Titelbild:

© PureSolution – fotolia.com

Du hast Fragen, Anregungen oder Kritik zu diesem Produkt?

Das U-Form Team steht dir gerne Rede und Antwort.

Einfach auf

facebook.com/pruefungscheck

fragen, diskutieren, stöbern und weiteres Wichtige und Wissenswerte rund um Ausbildung erfahren

© U-Form Verlag Hermann Ullrich GmbH & Co. KG
Cronenberger Straße 58 · 42651 Solingen
Telefon: 0212 22207-0 · Telefax: 0212 208963
Internet: www.u-form.de · E-Mail: uform@u-form.de

9. Auflage 2015 · ISBN 978-3-88234-961-0

Alle Rechte liegen beim Verlag bzw. sind der Verwertungsgesellschaft Wort, Goethestraße 49, 80336 München, Telefon 089 514120, zur treuhänderischen Wahrnehmung überlassen. Damit ist jegliche Verbreitung und Vervielfältigung dieses Werkes – durch welches Medium auch immer – untersagt.

Vorwort

„Lohnt es sich für mich, dieses Heft über Geschäftsbriefe durchzulesen?", werden Sie sich vielleicht fragen, und diese Frage ist natürlich berechtigt. Warum überhaupt sollten Sie sich die Mühe machen, über die Formulierung und Gestaltung Ihrer Briefe, Faxe und E-Mails nachzudenken und Ihren Stil möglicherweise zu verändern? Die Antwort ist einfach: Weil jeder Geschäftsbrief, der Ihre Firma oder Ihre Behörde verlässt, eine Visitenkarte ist, ein Stück Selbstdarstellung. Er sagt eine Menge über den Schreiber aus, und das fällt natürlich auch auf das zugehörige Unternehmen zurück. Und in einer Zeit, in der es immer wichtiger wird, wettbewerbsfähig zu bleiben, sollte eine solche Chance genutzt werden.

Überlegen Sie einmal, welche Informationen aus einem Brief hervorgehen können. Wie präsentiert sich der Schreiber: ordentlich oder nachlässig, freundlich oder distanziert, umständlich oder direkt, gleichgültig oder interessiert, altmodisch oder modern?

Gute und dauerhafte Beziehungen zu Kunden und Geschäftspartnern können über das wirtschaftliche Bestehen eines Unternehmens entscheiden. Und diese Beziehungen werden im Regelfall zumindest zu einem Teil über die Korrespondenz aufgebaut und weitergeführt. Es gilt also Briefe zu schreiben, die den richtigen Ton treffen, Briefe, die möglichst schnell zum gewünschten Ziel führen. Natürlich nicht nur in der geschäftlichen Korrespondenz, sondern auch im Umgang mit Behörden und anderen Institutionen und selbstverständlich auch im Privatleben.

Ich möchte Sie nun auf den folgenden Seiten einladen, sich genauer mit dem Schreiben von Geschäftsbriefen zu befassen. Sie werden eine Fülle von Anregungen und Tipps finden, mit deren Hilfe Sie Ihren Briefstil überdenken und verbessern können. Machen Sie sich die Mühe und arbeiten Sie an Ihrem Schreibstil.

Vorwort

Es lohnt sich: Die Fähigkeit, modern, verständlich und informativ zu schreiben, wird Ihnen in Ihrem gesamten Berufsleben viele Pluspunkte einbringen.

Wie können Sie nun dieses Wissen in die Tat umsetzen? Bestimmt nicht, indem Sie einfach nur dieses Buch lesen. Schreiben lernt man nur durch Schreiben. Bleiben Sie dran, rufen Sie sich immer wieder die hier aufgeführten Tipps in Erinnerung. Als Hilfe können Sie eine Stichwortliste in Schreibtischnähe anbringen. Nehmen Sie sich aber nicht zu viel auf einmal vor. Konzentrieren Sie sich zunächst nur auf eine Schreibgewohnheit, die Sie verändern wollen. Erst wenn sie Ihnen in Fleisch und Blut über gegangen ist, widmen Sie sich der nächsten.

Ich wünsche Ihnen viel Spaß beim Lesen und hoffe, dass Sie mit Ihren Briefen immer schnell und effektiv Ihre Ziele erreichen.

ACHTUNG!

Sollte es für diesen Praxisratgeber Aktualisierungen oder Änderungen geben, können diese unter

www.u-form.de/addons/961-1.pdf

heruntergeladen werden. Ist diese Seite nicht verfügbar, so sind keine Änderungen eingestellt!

Inhaltsverzeichnis

	Seite
1. Der erste Eindruck zählt: Die Optik muss stimmen	7 – 23

- Der Aufbau eines Geschäftsbriefs (DIN 5008)
- Der Absender
- Der Empfänger
- Anrede
- Bezug und Betreff
- Text
- Grußformel
- Anlage und Verteiler
- Zahlen: Gliederung und Aufstellung
- **Clevere Tipps**

2. Wie baut man einen Brief auf?   24 – 37
Gut gegliedert ist halb geschrieben

- Wie werden Briefe gelesen?
- Der Betreff
- Der Aufbau
- Der Briefbeginn
- Die inhaltliche Gliederung
- Die Absatzbildung
- Das Briefende
- Was das Schreiben leichter macht
- **Clevere Tipps**

3. Das A und O: 38 – 49
Versetzen Sie sich in die Lage des Empfängers

- „Wir" oder „Sie"?
- Überprüfen Sie Ihre Einstellung
- Denken Sie positiv!
- Auch Höflichkeit gehört dazu
- Schwierige Briefe
- Briefe beantworten
- **Clevere Tipps**

©U-Form Verlag – Kopieren verboten!

Inhaltsverzeichnis

Seite

4. Es kommt darauf an, wie es der Leser versteht, nicht wie Sie es meinen
50 – 64
- Fachbegriffe und Abkürzungen
- In der Kürze liegt die Würze
- Warum einfach, wenn es umständlich geht?
- Sag, was du meinst und du bekommst, was du willst
- Clevere Tipps

5. Was ist guter Stil?
Über Geschmack lässt sich streiten
65 – 75
- Die Zeiten ändern sich: Veraltete Floskeln gehören nicht in moderne Briefe
- Der Konjunktiv
- Verben und Substantive
- Der persönliche Stil
- Clevere Tipps

6. Auch das sind Geschäftsbriefe: Faxe und E-Mails
76 – 85
- Faxe
- E-Mails
- Clevere Tipps

7. Checkliste für gute Geschäftsbriefe
86 – 87
- Das Wichtigste noch einmal auf einen Blick

8. Anhang
88 – 93
- Wichtige Adressen
- Eigene Textbausteine

Der erste Eindruck zählt:

Die Optik muss stimmen

Der erste Eindruck zählt

Das Allererste, was der Empfänger wahrnimmt, wenn er Ihren Brief in den Händen hält, ist natürlich die äußere Form. Ist das Papier zerknittert? Ist die Schrift gut zu lesen? Ergibt das Schriftbild insgesamt eine angenehme Optik? Diese Dinge sind enorm wichtig. Natürlich muss ein Brief gut lesbar und auch gut kopier- bzw. faxbar sein. Es erklärt sich von selbst, dass die Schriftart (also bitte keine verschnörkelten Schönschriften) und die Schriftgröße (meist 10 oder 12 Punkt) dementsprechend ausgewählt werden sollten.

Wie wird ein Geschäftsbrief nun rein äußerlich aufgebaut? Hierzu gibt es detaillierte Regeln, die jedem Briefelement seinen Platz zuweisen. Manchem mag das etwas pingelig erscheinen. Für den, der viel Schriftverkehr zu erledigen hat, ist die Einheitlichkeit der Form aber durchaus sinnvoll und hilfreich. Sie erleichtert das Auffinden und Einordnen von Informationen.

Das Deutsche Institut für Normung hat diese Regeln festgelegt und in der DIN 5008:2011 aufgezeichnet (DIN ist die Abkürzung für Deutsches Institut für Normung). Die DIN 5008 umfasst „Schreib- und Gestaltungsregeln für die Textverarbeitung". Seit 2011 enthält sie auch die aktualisierten Inhalte der früheren DIN 676 Vordrucke für Geschäftsbriefe.

Der erste Eindruck zählt

Vordruck Geschäftsbrief A4, Form A, DIN 5008, mit Informationsblock (verkleinert)

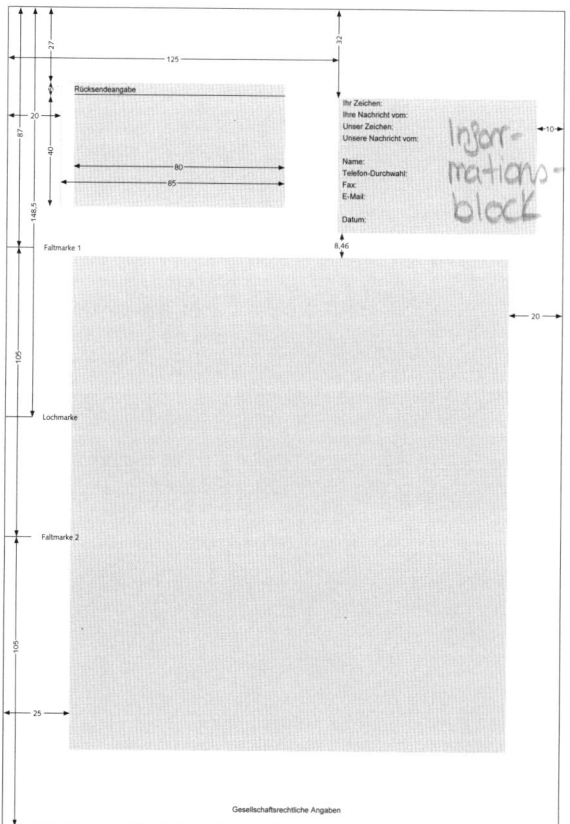

Der erste Eindruck zählt

Vordruck-Kopf Geschäftsbrief A4, Form A, DIN 5008, mit Kommunikationszeile (verkleinert)

Rücksendeangabe			
		Telefax E-Mail	→ Kommunikationszeile
↗ Ihr Zeichen, Ihre Nachricht vom	Unser Zeichen, unsere Nachricht vom Telefon, Name		Datum
Bezugszeichenzeile			

Der erste Eindruck zählt

Der Aufbau eines Geschäftsbriefs nach DIN 5008

Unternehmen und Behörden haben im Regelfall vorgedruckte Geschäftspapiere, die sich an der DIN 5008 orientieren. Dort sind auch die Normmaße zu finden, die benötigt werden, um den Text richtig zu positionieren.

Es gibt zwei unterschiedliche Formen des Geschäftsbriefvordrucks DIN 5008:

Bei **Form A** wird über dem Anschriftfeld mit Rücksendeangabe 2,7 cm Platz gelassen. Über dem Informationsblock (falls vorhanden) wird 3,2 cm Platz gelassen.

Bei **Form B** wird über dem Anschriftfeld mit Rücksendeangabe 4,5 cm Platz gelassen. Der Informationsblock ist dann (falls vorhanden) 5,0 cm vom oberen Papierrand entfernt.

Unabhängig von Form A oder B wird auf der linken Seite neben dem Text 2,5 cm Platz gelassen, damit der Brief problemlos gelocht werden kann. Auf der rechten Seite lässt man üblicherweise 2,0 cm zwischen Text und Papierrand frei.

Mit den gängigsten Textverarbeitungsprogrammen ist die Anpassung der Seitenränder und des Layouts generell kein Problem.

Der erste Eindruck zählt

Der Briefkopf

Bei Briefblättern ohne Aufdruck steht normalerweise der Absender oben in dem Bereich über dem Anschriftfeld mit Rücksendeangabe. Die meisten Unternehmen besitzen allerdings Vordrucke, in denen der Briefkopf bereits ausgefüllt ist. Wichtige Angaben sind: Name des Unternehmens/Absenders, Straße (mit Hausnummer) oder Postfach, PLZ und Ort, ggf. Land (bei internationalem Schriftverkehr)!

Informationsblock, Bezugszeichenzeile und Kommunikationszeile

Das Beispiel auf Seite 9 zeigt einen Geschäftsbrief mit **Informationsblock**. Das ist der Kasten mit den Leitwörtern und Bezugszeichen neben dem Anschriftfeld. Seite 10 zeigt einen Geschäftsbrief mit **Bezugszeichenzeile** und **Kommunikationszeile**. Als Bezugszeichenzeile wird die Zeile mit den Angaben „Ihr Zeichen, Ihre Nachricht vom" etc. bezeichnet. Die Kommunikationszeile ist die Zeile mit Telefax-Angabe und E-Mail-Adresse.

Das Datum wird entsprechend der europäischen Norm in der Form 20..-08-17 angegeben. Oder bei ausgeschriebenem und abgekürztem Monat in alphanumerischer Reihenfolge: 17. August 20.. bzw. 17. Aug. 20..

JJJJ-MM-TT

> **Hinweis:**
>
> Bei alphanumerischer Reihenfolge entfällt die führende „0" (Bsp. 6. August 20..). Die Monate März, April, Mai, Juni und Juli werden nicht abgekürzt.

Der erste Eindruck zählt

Der Empfänger

Die genaue Positionierung des Anschriftfeldes ist in der DIN 5008 vorgegeben und muss eingehalten werden, damit es genau in das Fenster des Briefumschlags passt und die Adressdaten von automatischen Lesemaschinen problemlos erfasst werden können.

Folgende Abbildung zeigt den Aufbau des Anschriftfelds mit den Maßangaben und die Funktion der einzelnen Bereiche.

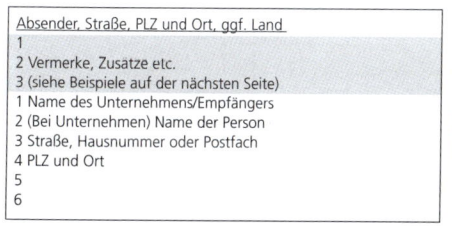

Der erste Eindruck zählt

Adressbeispiele

1	
2	
3	Einschreiben
1	Elektrizitätswerk der Stadt Monheim
2	Postfach 32 43 56
3	42789 Monheim
4	
5	
6	

1	
2	Nicht nachsenden!
3	Warensendung
1	Frau Hedwig Hase
2	Herrn Frodo Frosch
3	Am Zoo 33
4	12345 Berlin
5	
6	

1	
2	
3	
1	Wäscherei Sauber und Rein
2	Abt. für hartnäckige Flecke
3	Herrn Dr. Claas Klar
4	Postfach 45 58 91
5	64008 Frankfurt
6	

Der erste Eindruck zählt

Wie schreibt man Straßennamen?

- Getrennt (und groß) wird geschrieben, wenn der erste Teil
  - ein gebeugtes Adjektiv ist.

    Neuer Weg, Schmaler Graben, Lange Straße

  - von Orts- und Ländernamen die Endung „-er" abgeleitet wird.

    Berliner Brücke, Münchener Straße, Oberstdorfer Weg
    (aber nicht, wenn die Namen zufällig auf -er enden: Herderstraße, Karmelitergasse)

- Zusammen wird geschrieben, wenn der erste Teil
  - ein einfaches Substantiv oder ein Name ist.

    Goethestraße, Winkelgasse, Schlossallee

  - ein ungebeugtes Adjektiv ist.

    Steilhang, Grüngasse, Neumarkt

- Mit Bindestrich werden von mehrteiligen Namen abgeleitete Straßennamen geschrieben:

    Karoline-von-Günderode-Allee, Rosa-Achenbach-Straße

Der erste Eindruck zählt

Bei Firmenadressen wird das Wort „Firma" weggelassen, wenn aus der Empfängeradresse deutlich wird, dass es sich nicht um eine Privatperson handelt.

Schreinerei Hobel & Span OHG
Getränkehandel Suffig GmbH

Einzelunternehmen erhalten den Zusatz e. K. (eingetragene Kauffrau, eingetragener Kaufmann) bzw. e. Kfr. oder e. Kfm., z. B.

Hugo Meier e. K.

In größeren Firmen empfiehlt es sich immer, die zuständige Abteilung aufzuführen. Wenn der jeweilige Bearbeiter namentlich bekannt ist, ist es natürlich umso besser, ihn auch zu nennen.

Bei Sendungen ins Ausland werden der Bestimmungsort und das Bestimmungsland mit Großbuchstaben geschrieben. Der Bestimmungsort ist nach Möglichkeit in der Sprache des Bestimmungslandes anzugeben; die Angabe des Bestimmungslandes steht in deutscher Sprache in der letzten Zeile der Anschrift.

Beispiel

```
•
•
•
Monsieur Jacque Dupont
10, rue des Moulins
67000 STRASBOURG
FRANKREICH
•
•
```

Der erste Eindruck zählt

Geschäftlich oder privat?

Wenn Sie jemanden dienstlich anschreiben, steht in der Adresse erst die Firma bzw. Behörde, evtl. die Abteilung und dann, in der Zeile darunter, der Name des Ansprechpartners. Die umgekehrte Reihenfolge, also erst der Name des Empfängers und danach die übergeordnete Institution bedeutet, dass der Brief persönlich ist und von niemand anderem, etwa der Poststelle, geöffnet werden darf.

Beispiele:

Knut Söderbohm OHG **1** Frau Mildred Kühn **2** Am Weiher 33 42651 Solingen	*Der Brief darf von Angestellten der Firma Knut Söderbohm OHG geöffnet werden. Der Brief richtet sich in erster Linie an die Firma **Knut Söderbohm OHG**, Frau Kühn ist lediglich Ansprechpartnerin in Firmenangelegenheiten.*
Frau Mildred Kühn **1** Knut Söderbohm OHG **2** Am Weiher 33 42651 Solingen	*Der Brief richtet sich an **Frau Kühn**, in der Firma Knut Söderbohm. **Nur Frau Kühn** oder eine von ihr bevollmächtigte Person darf den Brief öffnen!*

Der erste Eindruck zählt

Bezug und Betreff

Die meisten vorgedruckten Geschäftsbriefe beinhalten eine Bezugszeichenzeile knapp unter bzw. einen Informationsblock rechts neben dem Adressfeld. Dadurch fällt es besonders in großen Unternehmen mit umfangreicher Korrespondenz leichter, den Brief einzuordnen, Bezug zu eventuell vorangegangenen Schreiben herzustellen oder den Ansprechpartner zu nennen.

Beispiel Bezugzeichenzeile:

| Ihr Zeichen, Ihre Nachricht vom | Unser Zeichen | Telefon, Name | Datum |

Der dann folgende Betreff ist eine kurze stichwortartige, in der Regel einzeilige Inhaltsangabe und dient der schnellen Orientierung, worum es im vorliegenden Schreiben überhaupt geht. Er steht zwei Zeilen unter der Bezugszeichenzeile oder dem Informationsblock.

In Briefen von Privatpersonen wird der Bezug, also Angaben zum Schreibanlass, Referenznummern, Kürzel u. Ä. im Regelfall in der Betreffzeile untergebracht.

- Ihre Anzeige im Krückelshofer Boten vom ...
- Bewerbung als Webdesigner
- Ihr Schreiben vom 24. Dez. 20..
- Preisliste Winterprogramm

Eine andere Möglichkeit ist es, im Briefbeginn den Bezug auf etwas Vorhergehendes herzustellen.

- Sie suchen einen neuen Webdesigner ...
- Sie fragen in Ihrem Brief vom 24. Dez. 20.. nach der Preisliste ...

Der erste Eindruck zählt

Die Betreffzeile kann hervorgehoben werden, beispielsweise durch Fettdruck oder Unterstreichung. Die einleitenden Worte „Bezug" bzw. „Betreff" (oder Betr.) werden nicht geschrieben!

Anrede

Die Standardanrede in Geschäftsbriefen lautet:
- **Sehr geehrte Frau Müller,**
- **Sehr geehrter Herr Meier,**

Wenn der Ansprechpartner unbekannt ist:
- **Sehr geehrte Damen und Herren,**
- **Sehr geehrte Damen, sehr geehrte Herren,**

Vertraute Anrede:
- **Lieber Hugo, / Hallo Erna,**
- **Lieber Herr Graugans,**

Wählen Sie diese vertraute Anredeform wirklich nur bei Adressaten, mit denen Sie wirklich freundschaftlich verbunden sind.

Der Doktortitel gehört in Deutschland offiziell zum Namen, auch wenn viele keinen Wert auf die Nennung des Titels legen. Falls Sie den Angesprochenen nicht persönlich kennen, ist es sicherer, den „Dr." nicht zu unterschlagen:

- **Sehr geehrter Herr Dr. Müller-Lüdenscheidt,**

Der erste Eindruck zählt

Ebenso ist es ein Zeichen von Hochachtung und allgemein üblich, einen Amtstitel in die Anrede aufzunehmen:

- **Sehr geehrte Frau Bundeskanzlerin,**
- **Sehr geehrter Herr Polizeipräsident**,

Die Anrede wird durch ein Komma abgeschlossen, der folgende Text beginnt daher mit kleinem Buchstaben. Das gilt natürlich nicht, wenn das erste Wort ein Substantiv (Hauptwort) ist.

Text

Nach einer Leerzeile Abstand folgt auf die Anrede der Text. In der Regel wird einzeilig geschrieben, wobei zwischen Absätzen eine Zeile Abstand eingefügt wird. Bei sehr kurzen Texten kann es allerdings sinnvoll sein, den Zeilenabstand etwas größer zu gestalten.

Üblicherweise wird in der Geschäftskorrespondenz der Text im Flattersatz ausgerichtet, die Zeilen am rechten Rand sind also unterschiedlich lang, der Rand „flattert". Das ergibt gerade bei kurzen Texten einfach ein angenehmes Schriftbild. Der Blocksatz (der rechte Rand ist eine gerade Linie, wie in diesem Buch) ist eher für längere Texte geeignet und wird meist in Zeitschriften und Büchern angewandt.

Der erste Eindruck zählt

Grußformel

Zwischen Text und Grußformel steht wieder eine Leerzeile. Die Standardgrußformel lautet:

- **Mit freundlichen Grüßen**

Ebenbürtig sind die hin und wieder auftauchenden Wendungen:

- **Mit freundlichem Gruß**
- **Freundliche Grüße**

Je nach Empfänger kann man auch persönlichere und pfiffigere Varianten wählen:

- **Sonnige Grüße**
- **Vorweihnachtliche Grüße**
- **Freundliche Grüße nach München, aus Hamburg**

Nur bei gut bekannten Adressaten sollte man auch persönlichere Formen nehmen:

- **Viele Grüße, Liebe Grüße**

Grußformeln wie

- **Hochachtungsvoll** oder
- **verbleibe ich mit freundlichen Grüßen**

gelten heute als altmodisch und unüblich.

Um selbst bei einer schwer lesbaren Unterschrift den Namen des Verfassers des Briefes lesen zu können, wird der Name am besten auch maschinell mit drei Zeilen Abstand unterhalb der Grußformel angegeben. Falls Sie nicht der Geschäftsführer, der Prokurist oder ein Vertreter für einen Ansprechpartner sind, sollten Sie auf keinen Fall das i. A. vor der Angabe Ihres Namens oder auf gleicher Höhe mit Ihrer Unterschrift vergessen!

Der erste Eindruck zählt

Anlage und Verteiler

Falls mit dem Schreiben weitere Unterlagen versandt werden, sollten diese auf jeden Fall in einem **Anlagenvermerk** aufgeführt werden. Dieser hat mindestens drei Leerzeilen Abstand zur Grußformel und kann auch auf die rechte Briefseite geschrieben werden.

Mit einer Zeile Abstand folgt der **Verteilervermerk**. Er listet auf, an wen Kopien des Schreibens innerbetrieblich weitergeleitet werden. Falls kein Anlagenvermerk benötigt wird, steht der Verteilervermerk an dessen Position.

Die Hinweise auf Anlage(n) und Verteiler können z. B. durch Fettdruck hervorgehoben werden.

Zahlen: Gliederung und Aufstellung

Und hier noch ein paar Gliederungshinweise, um Zahlen besser darzustellen:

Damit größere Zahlen besser zu lesen sind, werden sie ab drei Stellen durch ein Leerzeichen von rechts nach links in dreistellige Päckchen gegliedert:

- 84 256 321 offene Lehrstellen
- 2 265 696   vergebene Plätze

Dezimalzahlen (Zahlen mit Komma) werden dreistellig rechts und links des Kommas gegliedert:

- 20,20 €
- 1 125,50 kg
- 0,123 25 g

Der erste Eindruck zählt

Geldbeträge werden sicherheitshalber mit Punkten gegliedert, ebenfalls von rechts, zu je drei Zahlen pro Gruppe:

- 123.123.123,12 €
- 5.008,23 €

Telefonnummern, auch Mobilfunknummern, werden mit Leerzeichen zwischen Vorwahl und Rufnummer dargestellt:

0123 123123
0123 12312-30   Telefonnummern mit Durchwahl
+ 49 123 123123   Internationale Telefonnummern

Die Postfachnummern werden von rechts beginnend in Zweiergruppen gegliedert, z. B.:

- Postfach 2 34 56

Clevere Tipps:

✓ Denken Sie daran, dass Sie Ihr Unternehmen bzw. sich selbst mit einem Brief repräsentieren.
✓ Ist die Adresse richtig?
✓ Sind alle wichtigen Elemente enthalten?
✓ Entspricht mein Brief der DIN?
✓ Was ist mein persönlicher Briefstil?
✓ Wer ist mein Ansprechpartner?
✓ Wie sieht mein Schriftbild aus?

Wie baut man einen Brief auf?

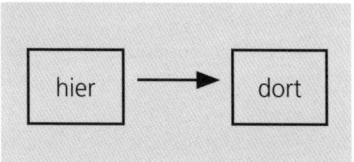

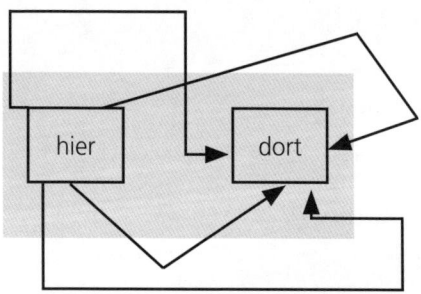

Gut gegliedert ist halb geschrieben

Wie baut man einen Brief auf?

Warum schreibe ich überhaupt? Was genau will ich mit meinem Brief, meiner E-Mail, meinem Fax erreichen? Sich diese Frage zu stellen, ist ein nützlicher Einstieg. Die beabsichtigten Ziele können ganz konkret sein, z. B. möchte man den Empfänger zu einem bestimmten Verhalten bewegen, vielleicht eine Rechnung zu zahlen oder uns einen Auftrag zu erteilen. In anderen Fällen geht es beispielsweise darum, Informationen zu geben oder anzufordern.

Neben solchen direkten Zielen gibt es auch immer indirekte Ziele auf der emotionalen Ebene. So möchte man vielleicht, dass der Empfänger seine Haltung zu unserem Unternehmen, zu unseren Produkten und Dienstleistungen oder zu einem bestimmten Angebot verändert. Er soll – natürlich – eine positive Einstellung gewinnen. Manchmal geht es auch einfach darum, eine gute Geschäftsbeziehung aufrecht zu erhalten. Seien Sie sich Ihrer Zielvorstellungen bewusst und achten Sie darauf, sie beim Schreiben nicht aus den Augen zu verlieren.

Wie werden Briefe gelesen?

Was geschieht, wenn jemand einen Brief öffnet und anschaut? Liest er ordentlich und konzentriert von oben nach unten alles durch? Das ist genau die Vorstellung, die in den meisten Köpfen vorherrscht. Forschungsergebnisse haben aber gezeigt, dass der Empfänger zunächst den Brief nur überfliegt: Er schaut auf die Absenderangaben, den Betreff und das Briefende. Klar, das ist das Wichtigste: An wen ist der Brief gerichtet, von wem stammt er und worum geht es? Erst nach diesem Schnelldurchgang wird „normal" gelesen.

Der Betreff

Der Betreff entscheidet also zunächst darüber, wie der Leser einem Brief begegnet. Er erkennt, dass etwas wichtig ist oder er lässt ein vielleicht unbedeutendes Schreiben erst mal liegen. Es ist also

Wie baut man einen Brief auf?

günstig, den Betreff mit einer griffigen, informativen Aussage zu gestalten. Der Leser sollte direkt wissen, worum es geht. Manchmal kann man die wichtigste Information direkt in den Betreff packen. So sollte beispielsweise nicht einfach „Betriebsratssitzung" im Betreff stehen, sondern:

- **Betriebsratssitzung: Termin verschoben**

Oder: Schreiben Sie statt „Angebot" lieber:

- **Unser Angebot für Küchenmaschinen**

Aber übertreiben Sie bitte auch nicht, der Betreff muss den Brief nicht ersetzen. Statt: „Stellungnahme zu Ihrem Angebot über Rasenmäher vom Typ A 37 mit nicht ausreichend spezifizierten Lieferbedingungen" heißt es besser:

- **Ihr Angebot über Rasenmäher, Typ A 37**

Informative Betreffzeilen

- Lieferzeit für Küchengeräte verlängert sich um 2 Wochen
- Kündigung der Versicherung, Nr. 123456
- Einladung zum Meeting, heute 15:00 Uhr
- Spezialanfertigung Druckmaschine, Ihr Auftrag vom ...
- Reklamation der Lieferung Werkzeugkästen vom ...

Wie baut man einen Brief auf?

Der Aufbau

In der Schule lernt man, wie Aufsätze aufgebaut werden: Einleitung, Hauptteil, Schluss. Dieses einfache Schema lässt sich auf so ziemlich jeden Text übertragen, ist aber sicherlich noch etwas ausbaubedürftig.

Bei komplizierten Sachverhalten ist es sinnvoll, sich vorher Stichworte zu notieren, damit man den Überblick nicht verliert. Als grober Leitfaden können folgende Fragen dienen:

- Worum geht es?
- Welche weiteren Informationen sind wichtig?
- Was folgt daraus?/ Wie geht es weiter?
- Was werden wir tun?/ Was soll der Empfänger tun?

Beispiele: Rückfrage bei unklarer Bestellung

• Worum geht es?	„Sie bestellen für Ihre Cafeteria zwei Kaltgetränkeautomaten. Vielen Dank für Ihren Auftrag!"
• Welche weiteren Informationen sind wichtig?	„Wir können aus der Artikelbeschreibung nicht erkennen, welche Ausstattung Sie benötigen."
• Was folgt daraus? Wie geht es weiter?	„Um Ihren Auftrag schnell ausführen zu können, brauchen wir die Bestellnummern. Dem beiliegenden Prospekt können Sie die Bestellnummern der Automaten entnehmen."
• Was werden wir tun? Was soll der Empfänger tun?	„Rufen Sie uns einfach an, Frau Wegner (Tel. 675789) nimmt Ihren Anruf gerne entgegen."

Wie baut man einen Brief auf?

Der Briefbeginn

Ein positiver Beginn stimmt direkt freundlich, er gibt einen guten Einstieg, um die Beziehungsebene günstig zu gestalten. Die Einleitung stellt in vielen Fällen einen Bezug auf vorhergehende Schreiben, Gespräche oder Begegnungen her. Häufig lässt sich der Beginn als einfache Danksagung formulieren.

- Vielen Dank für Ihre(n) Auftrag/Anruf/Anfrage

Geschickter ist es, die Sichtweise des Empfängers zu spiegeln und mit dem Wörtchen „Sie" zu beginnen. So zeigen Sie, dass der Leser Ihnen wichtig ist, dass Sie sich auf ihn einstellen.

Wir werden im nächsten Kapitel noch ausführlicher darüber sprechen, dass es wichtig ist, sich in die Lage des Lesers zu versetzen. Fragen Sie sich, bevor Sie beginnen, worum es geht: Was hat der Empfänger für Sie getan, was möchte er von Ihnen?

Briefe beginnen

- Sie bitten uns um die Zusendung von Informationsmaterial. Gerne senden wir Ihnen hiermit unser Programm.
- Sie interessieren sich für unsere Bohrmaschinen. Vielen Dank dafür.
- Sie möchten einen neuen Firmenprospekt erstellen lassen. Vielen Dank, dass Sie nach unseren Ideen fragen.
- Sie haben ein ausführliches Angebot erarbeitet. Herzlichen Dank dafür.
- Sie haben unseren Messestand besucht und sich für unsere Schneidemaschinen interessiert. Gerne senden wir Ihnen heute ein ausführliches Angebot über ... zu.

Wie baut man einen Brief auf?

- Sie bitten uns darum, den Rückstand in Raten zahlen zu dürfen. Mit diesem Vorschlag sind wir einverstanden.
- Sie bitten um eine Gebührenreduzierung. Aus folgenden Gründen können wir Ihre Bitte leider nicht erfüllen:
- Sie fragen, ob der Vertragsbeginn verschoben werden kann. Gerne folgen wir Ihrem Wunsch und legen hiermit den Vertragsbeginn auf den …
- Sie wünschen, dass wir die Kosten für Ihren Kuraufenthalt übernehmen. Gerne würden wir Ihren Antrag abschließend bearbeiten … Bitte senden Sie uns noch folgende Unterlagen zu: …

Vergleichen Sie selbst: Es klingt ganz anders – weniger engagiert –, wenn Sie mit dem Wörtchen „wir" beginnen:

☹ Wir beziehen uns auf Ihr Schreiben vom …
☹ Wir bedanken uns für Ihren Auftrag.

Welchen Briefbeginn würden Sie selbst lieber lesen? Der Anfang mit „Sie" ermöglicht Ihnen für unterschiedlichste Anlässe einen neutralen Einstieg. Gerade bei negativen Nachrichten fallen Sie besser nicht mit der Tür ins Haus und ebenso wenig sollten Sie den Brieftext mit einem Vorwurf beginnen:

☹ Leider können wir nicht ….
☹ Wie wir Ihnen in unserem letzten Schreiben bereits mitteilten, benötigen wir für die Bearbeitung Ihres Antrages noch folgende Unterlagen ….

Wie baut man einen Brief auf?

Die inhaltliche Gliederung

Die Einleitung steht, wie geht es jetzt weiter? Nun müssen die Dinge, die Sie mitteilen wollen, in eine sinnvolle, nachvollziehbare Reihenfolge gebracht werden. Es sollte ein roter Faden deutlich werden.

Für die Organisation der Informationen gelten folgende Faustregeln:

- Wichtiges vor weniger Wichtigem
- Bekanntes vor Unbekanntem
- Einfaches vor Kompliziertem

Text strukturieren

Schlüsselwörter, oft am Anfang eines Absatzes

- außerdem
- daher
- deshalb
- jedoch
- weiterhin
- im Gegensatz dazu
- zum einen/zum anderen
- einerseits/andererseits

Ankündigung mit Doppelpunkt

- Der Grund:
- Unser Vorschlag:
- Der Termin:
- Besonders wichtig:
- Wichtiger Hinweis:
- Der Vorteil für Sie:
- Bitte beachten Sie:
- Wir empfehlen Ihnen:
- Hier ist unser Angebot:

Wie baut man einen Brief auf?

Fragen

- Was können Sie tun?
- Was bedeutet das für Sie?
- Welchen Vorteil haben Sie?
- Wie könnte eine Lösung aussehen?
- Wie geht es weiter?
- Wie ist das weitere Vorgehen?

Fragen wirken auflockernd und haben den Vorteil, dass Sie den Leser zum Mitdenken anregen. Im Normalfall geben Sie die Antwort im Brief selbst. Es kann aber auch sinnvoll sein, eine Frage an das Ende des Briefes zu setzen, um so eine Antwort oder Stellungnahme herauszufordern.

- Was halten Sie von meinem Vorschlag?
- Wie gefällt Ihnen unser Programm?
- Sind Sie damit einverstanden?

Eine meist gut geeignete Methode zur Gliederung ist es, statt Fließtext Aufzählungen zu verwenden. Damit werden die Sachverhalte übersichtlich präsentiert. Oft erleichtert das auch das Formulieren, weil man in Aufzählungen keine ganzen Sätze bilden muss. Insbesondere bietet sich diese Form natürlich bei Auflistungen von Waren in Angeboten und Aufträgen an. DIN 5008 schreibt vor, Beginn und Ende einer Aufzählung vom übrigen Text durch eine Leerzeile zu trennen. Chronologische (zeitliche) Abfolgen oder hierarchisch (Hierarchie = Rangfolge/Reihenfolge) gegliederte Fakten können auch gut durch Nummerierungen dargestellt werden. Achten Sie allerdings darauf, dass die Listen nicht zu lang werden.

Wie baut man einen Brief auf?

Mehr als fünf Punkte werden in der Regel nicht auf Anhieb behalten. Der erste und der letzte Punkt sind besonders markant, sie bleiben am ehesten im Gedächtnis haften. Achten Sie also darauf, dass die wichtigsten Sachverhalte entweder zu Beginn oder am Schluss stehen sollten.

> ... bestellen wir hiermit:
> - 2 Unterschränke „Timo 60" zu je 25,80 EUR
> - 1 Unterschrank „Timo 80" zu je 38,40 EUR
> - 1 Hängeschrank „Laura 60" zu je 31,80 EUR

Um eine bedeutsame Aussage, beispielsweise eine Termin- oder Ortsangabe, besonders herauszustellen, kann man sie zentrieren, also wie eine Überschrift in die Mitte setzen. Laut DIN 5008 sollten Sie jedoch vor und nach dieser Textpassage eine Leerzeile setzen.

> Kommen Sie bitte am 20.09. in unsere Personalabteilung:
> Helen-Keller-Weg 19, 23554 Lübeck

Eine mehrzeilige Angabe wird meistens eingerückt, also mit etwas Abstand zum linken Rand geschrieben.

> ...laden wir Sie herzlich zu einem Empfang ein:
>
>   am 31. Januar 20..
>   von 17:00 bis 20:00 Uhr

Wie baut man einen Brief auf?

Die Form

Ein gutes Schriftbild macht es dem Empfänger wesentlich leichter, den Brief zu lesen, ein Schlechtes kann die Lust schon zu Beginn nehmen.

Für besonders wichtige Informationen eignen sich **Fettdruck**, *Kursivschrift* und <u>Unterstreichungen</u> als Möglichkeiten zur Hervorhebung. Gehen Sie aber bitte sparsam mit diesen Mitteln um. Zu viele Hingucker verschlechtern den optischen Gesamteindruck. Beschränken Sie sich also auf maximal zwei Auszeichnungen, denn schließlich gilt es, nur besonders wichtige Informationen hervorzuheben.

Als ungeeignete Mittel zur Hervorhebung gelten GROSSSCHREIBUNGEN und S p e r r u n g e n .

Auch bei Schriftarten gilt das Minimalprinzip, verwenden Sie also höchstens zwei Typen. Für die allgemeine Geschäftskorrespondenz werden in der Regel zwei Schriftarten verwendet: Serifenschriften, z. B. „Times New Roman" oder die moderner wirkende, serifenlose Schrift „Arial", eignen sich besonders für den Textkörper.

Probieren Sie es selbst einmal am Computer aus:
zu VIELE der **obengenannten** Methoden erzeugen ein unruhiges, <u>schwer lesbares</u> Schriftbild.

Absätze bilden

Ein übersichtliches, optisch angenehm aufbereitetes Schreiben wird gern gelesen. Es signalisiert: Diesen Brief kann man schnell verstehen. Eine gute äußerliche Gestaltung braucht vor allem „Luft im Text".

Gestalten Sie kurze Texteinheiten. Als Faustregel gilt: Aus einer Sinneinheit sollte ein Absatz gebildet werden. In der Form spiegelt sich

Wie baut man einen Brief auf?

damit auch der Inhalt wider. Zudem lässt bei längeren Absätzen die Konzentration nach.

Versuchen Sie aber zu vermeiden, dass Absätze nur aus einer Zeile bestehen, das wirkt wie eine Schlagzeile. Steht dort noch ausgerechnet etwas Negatives, fällt es direkt ins Auge.

> Eine gute Neuigkeit wird durch die negative Schlagzeile, die z. B. Preiserhöhungen mitteilt, in ihrer Wirkung beeinträchtigt:
>
> „In unserem Hause wurden Umstrukturierungen vorgenommen. Das bedeutet für Sie: Die Lieferbedingungen verbessern sich, die Aufträge können deutlich schneller bearbeitet werden.
>
> Leider müssen wir auch die Preise geringfügig erhöhen."

Eine ähnlich starke Wirkung hat es, wenn nur ein einzelnes Wort nach einem Zeilenumbruch folgt. Achten Sie darauf, dass Sie auf diese Weise keine negativen Aufhänger erzeugen.

> **Beispiel:**
>
> „Diese Maschinen konnten sich Privatpersonen noch vor einigen Jahren gar nicht leisten, heutzutage sind sie gar nicht mehr teuer."
>
> Obwohl diese Aussage positiv ist, weckt sie negative Gefühle, denn das „teuer" am Beginn der neuen Zeile sticht zuerst ins Auge.

Wie baut man einen Brief auf?

Das Briefende

Das Briefende ist besonders wichtig, denn es wird zuerst gelesen und entscheidet möglicherweise darüber, ob der Brief überhaupt für lesenswert gehalten wird.

Werbebriefe haben – im Gegensatz zur allgemeinen Geschäftspost – die schwierige Aufgabe, den Empfänger erst einmal dazu zu bringen, den Brief überhaupt durchzulesen. Dabei machen sie sich oft das Postskriptum, das „PS" zu Nutze. Achten Sie einmal darauf, wie oft in meist ja unaufgefordert zugesandten Werbebriefen das „PS" einen persönlichen Vorteil, Gratis-Angebote und sonstige Aufhänger präsentiert. Das Ende des Briefes bleibt dem Empfänger im Gedächtnis haften, überlegen Sie daher, welche Wirkung Sie gerne hinterlassen möchten.

Als Themen bieten sich gute Wünsche für den Briefempfänger oder der Verweis auf eine gute, gemeinsame Zukunft an. Durchaus erlaubt ist auch ein selbstbewusster Ausblick auf die eigene Arbeit. Mit Aufforderungen oder Fragen wird der Empfänger dazu angeregt, den Kontakt in Gang zu halten.

Briefe beenden

- Viel Erfolg für Ihr neues Projekt.
- Ich wünsche Ihnen einen schönen und erholsamen Urlaub.
- Ich freue mich auf unser nächstes Treffen in Lübeck.
- Wir freuen uns auf eine angenehme Fortsetzung unserer langjährigen Geschäftsbeziehung.
- Wir freuen uns auf eine gute Zusammenarbeit mit Ihnen.
- Auf die gemeinsame Tagung mit Ihnen freuen wir uns.

Wie baut man einen Brief auf?

- Ich bin sicher, dass Ihnen unsere Entwürfe gefallen werden.
- Wir werden Ihren Auftrag schnell und sorgfältig erledigen.
- Wie gefällt Ihnen unser Vorschlag? Bitte melden Sie sich.
- Bitte rufen Sie in der nächsten Woche Frau Treger an.

Was das Schreiben leichter macht

Gerade, wenn Sie noch nicht viel Übung im Schreiben haben, werden Sie sich mit dem Formulieren sicher manchmal schwer tun. Wenn Ihnen so gar nichts einfallen will, schreiben Sie erst einmal einfach „drauf los". Manchmal ist es dabei hilfreich zu überlegen, wie Sie das Ganze dem Empfänger mündlich mitteilen würden. Schreiben Sie in einer ersten Fassung nieder, was Ihnen einfällt und verbessern Sie den Text dann in weiteren Durchgängen. Das ist wesentlich erfolgreicher, als sich von Anfang an das Hirn zu zermartern, um druckreife Formulierungen zu finden. Eine große Hilfe kann eine Mustersammlung von Textbausteinen sein. Schreiben Sie gute Formulierungen auf, die Ihnen oder anderen Schreibern eingefallen sind. Vieles wiederholt sich in der täglichen Schreibarbeit und Sie können und müssen das Rad nicht immer wieder neu erfinden.

Wie baut man einen Brief auf?

Clevere Tipps:

- ✓ Überlegen Sie vorab: Was will ich mit meinem Brief erreichen? Welche Ziele verfolge ich?
- ✓ Erstellen Sie sich eine Stichwortliste.
- ✓ Formulieren Sie den Betreff aussagefähig und informativ.
- ✓ Beginnen Sie möglichst positiv.
- ✓ Bemühen Sie sich um eine sinnvolle, logische Reihenfolge.
- ✓ Nutzen Sie verschiedene Möglichkeiten, um inhaltlich zu strukturieren: Schlüsselwörter, Ankündigungen mit Doppelpunkt, Fragen.
- ✓ Lockern Sie den Text gegebenenfalls durch Aufzählungen und Hervorhebungen wie Fettdruck und Unterstreichungen auf.
- ✓ Gestalten Sie pro Sinneinheit einen Absatz.
- ✓ Nutzen Sie den Briefschluss für angenehme Mitteilungen.
- ✓ Versuchen Sie nicht, auf Anhieb alles perfekt zu formulieren.
- ✓ Legen Sie sich eine Sammlung von gelungenen Formulierungen an.

Das A und O

Versetzen Sie sich in die Lage des Empfängers

Das A und O

Freundschaftliche und langfristige Beziehungen zu Kunden und Geschäftspartnern werden durch empfängerorientierte Briefe unterstützt. Das Wichtigste dabei ist, sich in den Leser hineinzuversetzen.

Als Erstes sollten Sie sich überlegen, mit wem Sie es überhaupt zu tun haben.

- Welche Bedürfnisse und Ziele hat der Leser?
  Was erwartet er von Ihnen?

- Was weiß er über den entsprechenden Sachverhalt?
  Wie sind seine fachlichen Kompetenzen?
  Wie groß ist sein Aufgabengebiet?

- Welche Ausbildung hat er?
  Wie sind seine sprachlichen Fähigkeiten?
  Wo steht er beruflich?

Die Art, wie Sie welche Informationen präsentieren, muss dem Wissens- und Erfahrungshorizont des Lesers angepasst sein.

Natürlich haben Sie nicht immer die Möglichkeit, Informationen über den Leser zu besorgen, und es kann auch passieren, dass der eigentlich vorgesehene Empfänger gerade im Urlaub ist und eine Aushilfe Ihren Brief bearbeitet. Trotzdem ist es immer sinnvoll, den Text zunächst aus der Position des Empfängers zu betrachten. Damit begeben Sie sich in eine neue, ungewohnte Schreibhaltung, mit der Sie viele Fehler vermeiden können.

Das A und O

Briefe beantworten

Noch ein kleiner Tipp zu Beginn dieses Kapitels. Das gründliche Lesen eines Briefes ist die wichtigste Voraussetzung für einen guten Antwortbrief. Das ist nicht so einfach und selbstverständlich wie es klingt. Wir alle nehmen Informationen immer selektiv auf; das heißt, wir lesen oder hören das heraus, was wir für wahrscheinlich halten und daher erwarten. Bei komplizierten Briefen kann es auch sinnvoll sein, die wichtigsten Punkte aufzuschreiben. Fassen Sie für sich zusammen: Welche Informationen gibt der Schreiber, welche Reaktionen erwartet er?

Der eigene Name

Übrigens, zu den Informationen über den Ansprechpartner gehört auch der Name. Das klingt banal, ist aber durchaus wichtig. Der eigene Name gehört für die meisten Menschen zu den schönsten und angenehmsten Worten, und viele nehmen es (vielleicht auch nur unbewusst) übel, wenn er falsch geschrieben ist. Hier sollte also kein Fehler gemacht werden.

Nennen Sie in der Anschrift auch den Vornamen. Das ist insbesondere bei häufigen Nachnamen zu empfehlen. Menschen, die „Meier" oder „Schmidt" heißen, haben oft unter Verwechslungen zu leiden, außerdem spart es Zeit, wenn z. B. die Poststelle in einem großen Unternehmen direkt weiß, welche Frau Müller gemeint ist.

Das A und O

„Wir" oder „Sie"?

Nutzen Sie das Wörtchen „Sie"! Mit dem Gebrauch dieses Wortes wird signalisiert, dass der Leser im Mittelpunkt steht. Um ihn geht es, er wird mit dieser Formulierung direkt angesprochen. Natürlich gibt es auch Situationen, in denen der Schreiber zwangsläufig das Wort „wir" oder „ich" verwenden muss, einfach weil von ihm selbst bzw. der Firma die Rede ist.

- Ich fahre erst am Mittwoch nach Leipzig.
- Wir stellen diese Maschinen nicht mehr her.

Häufig aber wird eher aus Gewohnheit „wir", „ich" oder auch „man" geschrieben. Wenn Sie gezielt versuchen, das Wort „Sie" zu benutzen, trainieren Sie zugleich, die Dinge aus der Position des Empfängers zu sehen.

Wir   **Ich**

Sie   Man

Das A und O

„Sie" statt „wir"

- ☹ Wir benötigen …
- ☺ Sie bieten … an.

- ☹ Wir senden Ihnen in den nächsten Tagen Werbematerial zu.
- ☺ Sie erhalten in den nächsten Tagen Werbematerial von uns.

- ☹ Wir bedanken uns für Ihren Hinweis.
- ☺ Sie haben uns mit Ihrem Hinweis viel Arbeit erspart. Herzlichen Dank!

- ☹ Wir konnten die Ware nicht rechtzeitig liefern, weil …
- ☺ Sie konnten die Ware nicht rechtzeitig erhalten, weil …

- ☹ Wir verkaufen das Produkt XY seit Jahren sehr erfolgreich.
- ☺ Testen Sie das Produkt XY, Sie werden feststellen …

- ☹ Bezüglich der Bestellung muss noch eine Abklärung mit der für Sie zuständigen Sachbearbeiterin, Frau Höppner, folgen.
- ☺ Bitte klären Sie die Einzelheiten der Bestellung mit unserer Sachbearbeiterin, Frau Höppner, ab.

Für den Leser ist nicht wichtig, was Sie wissen und können und welche Arbeit Sie vielleicht schon in einer bestimmten Angelegenheit getan haben. Für den Leser ist nur wichtig, ob seine Fragen geklärt und seine Wünsche erfüllt werden können und was er dazu tun kann. Er ist an konkreten und schnellen Ergebnissen interessiert.

Das A und O

Überprüfen Sie Ihre Einstellung!

Der Empfänger steht also im Mittelpunkt einer partnerschaftlichen Kommunikation. Das bedeutet oft auch ein Umdenken in der eigenen Einstellung. Wie wird der Kunde, wie die Arbeit gesehen? Ist es einfach nur nervtötend, dass dieser Kunde schon wieder etwas von uns will? Ist die liegen gebliebene Post nur ein Haufen unangenehmer Arbeit, der möglichst schnell verschwinden soll? Kundenorientierung muss im Kopf beginnen. Überprüfen Sie Ihre eigene Haltung und erarbeiten Sie sich eine positive und optimistische Einstellung zur Arbeit und zu Ihren Briefpartnern. Es ist Ihre Entscheidung, ob Sie eine ausstehende Antwort als lästige, überflüssige Arbeit oder als Herausforderung an ihre Fähigkeiten empfinden.

Denken Sie positiv!

Positiv zu formulieren bedeutet nicht, Sachverhalte zu beschönigen oder zu vertuschen. Man kann viele Dinge aus unterschiedlichen Blickwinkeln betrachten. (Denken Sie daran: Für den Optimisten ist das Glas halb voll, für den Pessimisten ist es halb leer, und beide haben Recht.) Positiv formulieren heißt mitdenken und überlegen, wie man einer Sache etwas Positives abgewinnen kann. In vielen Fällen hilft die Frage weiter: Was können wir als Unternehmen für den Leser des Briefes tun, welche Alternative können wir anbieten? Häufig ist eine ablehnende Aussage auf die Gegenwart bezogen und kann mit einem Verweis auf die Zukunft ins Positive gewendet werden.

Das A und O

Positive Formulierungen

- ☹ Ihre Angaben sind lückenhaft.
- ☺ Bitte senden Sie uns noch folgende Informationen zu:

- ☹ Über das Prüfungsergebnis können wir Sie noch nicht informieren.
- ☺ Sie erhalten das Prüfungsergebnis in etwa 2 Wochen.

- ☹ Unsere Untersuchung ist noch nicht abgeschlossen.
- ☺ Unsere Untersuchung ist bis zum ... abgeschlossen. Danach erhalten Sie sofort das Ergebnis.

- ☹ Leider können wir Ihnen dazu keine genauen Informationen liefern.
- ☺ Bitte richten Sie Ihre Anfrage an ...

Aus der Werbepsychologie ist bekannt, dass die Menschen bestimmte Wörter gerne hören und lesen; logischerweise Wörter, die mit angenehmen, erfreulichen Dingen und Erfahrungen verbunden sind. Achten Sie selbst einmal darauf, wie häufig in Reklametexten solche positiven Reizwörter vorkommen. Aber auch einen trockenen Geschäftsbrief kann man hin und wieder mit schönen Begriffen auflockern. Damit ist nicht gemeint, dass man Dinge schönredet oder dass man unsachlich ist. Eine positive Haltung zur Arbeit und zum Briefpartner darf ruhig deutlich werden. Überlegen Sie selbst, was Ihnen lieber ist: Dass jemand gern Fragen beantwortet und sich auf die Zusammenarbeit mit Ihnen freut oder dass jemand einfach seine Arbeit tut, weil es seine Pflicht ist?

Das A und O

Beispiele für positive „Reizworte"

- anerkannt
- einfach
- erfolgreich
- garantiert
- gern
- gratis
- günstig
- gut
- kundenorientiert
- modern
- nützlich
- praktisch
- preiswert
- schnell
- stabil
- wertvoll
- zuverlässig
- Erfolg
- Freude
- Gewinn
- Glück
- Kompetenz
- Sicherheit
- Vergnügen
- Einsparung

☹ Bei Fragen rufen Sie uns bitte an.
☺ Ihre Fragen beantworten wir Ihnen gern. Rufen Sie an.

☹ Wir erwarten Ihre(n) Anruf/Nachricht/Auftrag.
☺ Wir freuen uns auf Ihre(n) Anruf/Nachricht/Auftrag.

☹ In einem Gespräch kann die Anpassung des Programms X für Ihre Anwendungen abgeklärt werden.
☺ Gerne zeige ich Ihnen in einem Gespräch auf, wie das Programm X für Ihre Anwendungen angepasst werden kann.

☹ Wir danken Ihnen für die gute Zusammenarbeit.
☺ Die Zusammenarbeit mit Ihnen war uns ein Vergnügen.

Das A und O

Dass auch der eigene Name zu solchen angenehmen Wörtern gehört, wurde schon eben angesprochen. (Also, darauf achten, dass der Name des Ansprechpartners richtig geschrieben wird!)

Vielleicht kennen Sie auch Werbebriefe, in denen etwas dick aufgetragen wird. Da steht dann hinter jedem dritten Satz „… liebe Frau Schubert". Das wirkt auf die meisten Leute eher aufdringlich. Genauso sollte man natürlich auch andere positive Reizworte dosiert einsetzen.

Auch Höflichkeit gehört dazu

Höfliche Worte sind kleine Gesten, mit denen man eine gute Beziehung zum Briefpartner aufbaut und aufrecht erhält. Dazu gehört, dass man sich für erbrachte Leistungen angemessen (nicht übertrieben) bedankt. Man kann natürlich einfach schreiben: „Vielen Dank für Ihren Brief". Aber genau genommen ist der Brief nur ein Stück Papier, und es ist deutlicher und würdigt die Arbeit des anderen besser, wenn man sich gezielt für bestimmte Handlungen oder Inhalte bedankt. Was genau hat der andere für Sie getan, wofür sind Sie ihm Dank schuldig?

Sich bedanken

- Vielen Dank für Ihre Zusammenfassung/Ihre Beurteilung/ Ihre Vorschläge.
- Für die schnelle Zusendung der Unterlagen vielen Dank.
- Vielen Dank, dass Sie sich für unser Gespräch Zeit genommen haben.
- Ihre Wegbeschreibung war sehr hilfreich, vielen Dank.

Das A und O

„Schwierige" Briefe

Und wie formuliert man höflich und positiv, wenn es um unangenehme Sachverhalte, wie beispielsweise Mahnungen und Reklamationen geht? Es gehört zum Alltag, dass Dinge auch mal schief gehen, dass Differenzen und Reibereien auftreten.

Wie kann man beispielsweise höflich reagieren, wenn ein Kunde sich wütend beschwert? Erst einmal ist es wichtig, den Schreiber ernst zu nehmen. Was auch immer er bemängelt, er fühlt sich ungerecht behandelt und will seinem Ärger Luft machen. Sie bauen ihm eine Brücke, wenn Sie zunächst kurz und sachlich zusammenfassen, was der Kunde genau bemängelt. Damit zeigen Sie, dass Sie sich gründlich mit seinem Anliegen auseinander gesetzt haben. Stellen Sie dann die Lage aus Ihrer Sicht dar, sachlich und ohne Schuldzuweisungen. Lassen Sie sich nicht zu Schutzbehauptungen hinreißen: „Bisher hat sich kein anderer Kunde beschwert.", „Die Ware wurde sorgfältig geprüft.". Damit verärgern Sie den Kunden nur noch mehr. Auch wenn Sie vielleicht genervt oder wütend sind, bleiben Sie sachlich und höflich.

Wenn der Fehler wirklich bei Ihnen gelegen hat, dann ist es am besten, offen und ehrlich das Versehen einzugestehen und sich zu entschuldigen. Verstecken Sie sich dabei nicht hinter unpersönlichen Formulierungen, sondern sagen Sie direkt wie es ist. Schreiben Sie nicht: „Es wurde leider übersehen ...", sondern „Wir haben leider übersehen ...". Es kann durchaus angebracht sein, den Grund für die Panne zu nennen, seien Sie aber zurückhaltend damit, die Schuld anderen in die Schuhe zu schieben. Sehr beliebt und oft unglaubwürdig ist z. B.: „Wegen eines Fehlers unserer Datenverarbeitung ...". Überlegen Sie, was für den Leser Ihres Briefes wichtig ist. Interne Sachverhalte in Ihrer Firma interessieren ihn meist nicht.

Das A und O

Viel wichtiger ist es für ihn zu wissen, wie die Sache wieder ausgebügelt wird:

☺ **Sie erhalten die fehlenden Unterlagen in den nächsten Tagen.**

Übrigens ist es auch nicht nötig zu übertreiben.

☹ Es tut uns außerordentlich Leid …
☹ Zu unserem allergrößten Bedauern ….

Das wirkt meist aufgesetzt. Wir sind alle nur Menschen und jeder Mensch darf einen Fehler machen.

Sich entschuldigen

- Bitte entschuldigen Sie die verspätete Zusendung/diese Panne.
- Sie haben Recht: Bitte entschuldigen Sie unseren Fehler.
- Für diesen Fehler entschuldige ich mich bei Ihnen im Namen der Firma.

Ein weiteres heikles Thema ist die Formulierung von Mahnbriefen. Auch hier führt ein sachlicher und freundlicher Ton in den meisten Fällen am schnellsten zum Ziel. Oft ist es günstig, Fragen als Einleitungen zu verwenden. Vergleichen Sie die folgenden Textpassagen. Welche gefällt Ihnen besser?

☹ Bedauerlicherweise haben wir die fehlenden Informationen immer noch nicht von Ihnen bekommen.

☺ Haben Sie uns vergessen? Warum haben Sie uns die fehlenden Informationen noch nicht zugeschickt?

Das A und O

In manchen Fällen kann man dem Leser vielleicht eine Brücke bauen. Sehr beliebt bei Rechnungen ist beispielsweise:

- **Falls Sie den Betrag nicht in einer Summe zahlen können, setzen Sie sich mit uns in Verbindung. Wir räumen Ihnen gerne Ratenzahlungen ein.**

Clevere Tipps:

✓ Lesen Sie Briefe, auf die Sie antworten, sorgfältig durch.

✓ Formulieren Sie positiv und höflich.

✓ Verwenden Sie positive Reizworte.

✓ Bleiben Sie bei Beschwerden und Mahnungen sachlich, suchen Sie nach Lösungen statt auf dem eigenen Standpunkt zu beharren.

✓ Nutzen Sie das Wörtchen „Sie", beziehen Sie den Leser mit ein.

✓ Bedanken und entschuldigen Sie sich angemessen.

✓ Vermeiden Sie Übertreibungen, reden Sie nichts schön.

✓ Lesen Sie Ihren Brief zum Schluss noch einmal laut (Ja, das ist wirklich besser!) durch und versetzen Sie sich dabei bewusst in die Lage des Empfängers. Lesen Sie den Brief aus seiner Perspektive.

Es kommt darauf an, wie es der Leser versteht,

nicht wie Sie es meinen

Es kommt darauf an, wie es der Leser versteht

Natürlich ist es eines der ersten Ziele, dass der Leser überhaupt versteht, was Sie ihm mitteilen wollen. Es gibt Briefe, die man dreimal durchlesen muss, um zu begreifen, worum es überhaupt geht. So etwas liest kein Mensch gerne. Der Empfänger muss sich mit einem unverständlichen Brief viel intensiver auseinander setzen, er muss beispielsweise Worte oder Sachverhalte nachschlagen, Zusammenhänge herstellen, Dinge in die richtige Reihenfolge bringen. Das kostet Zeit und Energie und wie Sie wissen, kann man beides – nicht nur im Berufsleben – immer gut gebrauchen. Denken Sie also für den Leser mit und nehmen Sie ihm jede unnötige Anstrengung ab, indem Sie einen gut verständlichen Brief schreiben.

Fachbegriffe und Abkürzungen

Die Verständlichkeit beginnt mit der Verwendung der richtigen Wörter. Kennt der Empfänger die benutzten Ausdrücke? Fremdwörter und Fachbegriffe können nützlich sein, um Dinge treffend zu beschreiben. Das ist aber nicht immer der Fall. Manche Leute verwenden möglichst viele Fremdwörter, um besonders kompetent oder klug zu erscheinen. Denken Sie daran: Für den Leser ist nicht wichtig, was Sie können. Für den Leser ist wichtig, dass er mit möglichst wenig Aufwand seine Ziele erreicht. Überlegen Sie: Welche Fremdwörter lassen sich durch deutsche und geläufigere Begriffe ersetzen?

Es kommt darauf an, wie es der Leser versteht

Lieber auf Deutsch

• annullieren	→ für ungültig erklären, rückgängig machen
• canceln	→ absagen, streichen
• diffizil	→ schwierig
• Equipment	→ Ausrüstung
• exklusive/inklusive	→ aus-/einschließlich
• honorieren	→ anerkennen, belohnen
• komplettieren	→ vervollständigen
• kontaktieren, kontakten	→ sprechen, anrufen, sich sprechen
• monieren	→ sich beschweren, kritisieren
• offerieren (Angebote)	→ anbieten, Angebot machen
• preferieren	→ bevorzugen, monieren
• prolongieren (Kredit)	→ stunden, Kredit verlängern
• Promotion	→ Werbung, Verkaufsförderung
• relevant	→ wichtig
• Resultat	→ Ergebnis
• tangieren	→ berühren, betreffen, beeinflussen

Es kommt darauf an, wie es der Leser versteht

Nicht nur Fremdwörter können Probleme bereiten, manchmal sind auch deutsche Fachbegriffe ungeläufig. Im Zweifelsfall sollten Sie solche Ausdrücke einfach kurz erklären.

Ein ähnliches Problem stellen Abkürzungen dar. Fachbezogene Abkürzungen sind oft nicht allgemein bekannt, hinzu kommen falsche oder unterschiedlich verwendete Abkürzungen. Überlegen Sie sich, wie es dem Leser ergeht. Weiß er, wovon Sie schreiben?

Es kommt hinzu, dass Abkürzungen den Lesefluss unterbrechen und allein deshalb vermieden werden sollten. Mit den Abkürzungen Hr. bzw. Fr. wird jeweils nur ein Anschlag gespart, das lohnt sich wirklich nicht!

Natürlich gibt es auch durchaus praktische Abkürzungen, die das Leben erleichtern. Statt dreimal im Brief von der Bundesversicherungsanstalt für Angestellte zu reden (und damit schon die Hälfte der Zeilen zu füllen), kann man wirklich einfacher von der BfA sprechen. Nun mag das noch allgemein geläufig sein, aber viele Institutionen, Vereine oder Gesetzestexte sind nur in Fachkreisen bekannt. Sicherer ist es immer, die jeweilige Abkürzung beim ersten Auftauchen im Text zu erklären. Lieber einmal zu viel als einmal zu wenig.

Es kommt darauf an, wie es der Leser versteht

Geläufige Abkürzungen

Abs.	Absender/Absatz
Abt.	Abteilung
a. D.	außer Dienst
Anm.	Anmerkung
Bd.	Band
BGB	Bürgerliches Gesetzbuch
BLZ	Bankleitzahl
bzw.	beziehungsweise
ca.	zirka, circa
CAD	computer-aided design
CAM	computer-aided manufacturing
dgl.	dergleichen
d. h.	das heißt
DIN	Deutsches Institut für Normung
d. M.	dieser Monat
EDV	elektronische Datenverarbeitung
etc.	et cetera
ev.	evangelisch
evtl.	eventuell
f.	folgende Seite
ff.	folgende Seiten
HGB	Handelsgesetzbuch

Es kommt darauf an, wie es der Leser versteht

Geläufige Abkürzungen

i. A.	im Auftrag
i. V.	in Vollmacht, in Vertretung
Jg.	Jahrgang
kath.	katholisch
m. d. B.	mit der Bitte
Nr.	Nummer
o. a.	oben angeführt
o. Ä.	oder Ähnliches
o. g.	oben genannt
PLZ	Postleitzahl
pp., ppa.	per procura
PR	Public Relations
PS	Postskriptum
sog.	sogenannt
u. a.	und andere(s), unter anderem
u. A. w. g.	um Antwort wird gebeten
usw.	und so weiter
z. B.	zum Beispiel
z. T.	zum Teil

Es kommt darauf an, wie es der Leser versteht

In der Kürze liegt die Würze

Forschungen zur Textverständlichkeit haben gezeigt, dass man mit verständlich geschriebenen Briefen bis zu 20 Prozent Text gegenüber dem herkömmlichen Schreibstil spart. Das wirkt sich, ganz nebenbei, auf Zeit, Arbeitsmaterialien und damit auch auf das Geld aus. Verständliche Texte sind kürzer, weil sie auf überflüssigen, verwirrenden Ballast verzichten. Menge und Art der Hintergrundinformation richten sich nach der Zielsetzung Ihres Schreibens und natürlich auch nach den Vorkenntnissen des Lesers. Überlegen Sie: Was muss der Leser wirklich wissen?

Manche überflüssige Formulierungen haben sich allgemein eingebürgert – das heißt nicht, dass man sie nicht verändern darf. Denken Sie darüber nach, ob eine Bemerkung Sinn macht. Einige Beispiele:

☹ **Wir haben Ihre Reklamation gründlich geprüft und sind zudem Ergebnis gekommen, dass die gelieferte Ware teilweise fehlerhaft war.**

Ja, natürlich, werden denn sonst die Reklamationen nicht gewissenhaft überprüft? Wie wäre es stattdessen mit:

☺ **Sie haben Recht, die gelieferte Ware war teilweise fehlerhaft.**

☹ **Wie Sie sicher wissen, beträgt die Garantiezeit 2 Jahre.**

Wenn der Leser es sicher weiß, braucht man es nicht zu schreiben. Gemeint ist meistens genau das Gegenteil, man will den Leser genau darauf aufmerksam machen:

☺ **Wichtiger Hinweis: Die Garantiezeit beträgt 2 Jahre.**

Es kommt darauf an, wie es der Leser versteht

☺ Bitte benachrichtigen Sie mich rechtzeitig, falls Sie den Termin nicht einhalten können.

Häufig kann ein solcher Satz ganz wegfallen. Gerade bei gut bekannten Briefpartnern ist das eine Selbstverständlichkeit.

Weit verbreitet ist die Angewohnheit, Sätze mit sogenannten Vorreitern zu beginnen. In den meisten Fällen kann man sich solche Einleitungen sparen. Oft liest man beispielsweise:

☹ Zu Ihrer Unterrichtung fügen wir die Unterlagen diesem Schreiben bei.

Klar, zu welchem Zweck sollte das sonst geschehen? Kurz und knapp kann man stattdessen schreiben:

☺ **Sie erhalten mit diesem Brief die Unterlagen.**

Beliebte Vorreiter

- Der guten Ordnung halber bestätigen wir...
- In diesem Zusammenhang verweisen wir ausdrücklich darauf...
- Hierzu möchten wir anmerken...
- Ich habe nunmehr festgestellt...
- Ich gehe davon aus...
- Wir teilen Ihnen hiermit mit...
- Selbstverständlich sind wir bereit...

Eine weitere Unsitte ist die Verwendung von Ausdrücken, die ein- und dasselbe zweimal sagen. Diese sogenannten weißen Schimmel (Tautologien) gehören auch zum überflüssigen Ballast in der Geschäftspost. Ein Wortteil reicht für die Aussage aus.

Es kommt darauf an, wie es der Leser versteht

Einige beliebte Doppelpackungen

• Aufgabenstellung	→ Aufgabe
• auseinander dividieren	→ dividieren
• Diagnoseerstellung	→ Diagnose
• Eigeninitiative	→ Initiative
• Einzelindividuum	→ Individuum
• entstandene/anfallende Kosten/Unkosten	→ Kosten
• Ergebniszusammenfassung	→ Zusammenfassung/ Ergebnis
• gemachte Erfahrungen/ Einwände	→ Erfahrungen/Einwände
• getroffene Absprache	→ Absprache
• getätigte Investition	→ Investition
• gewonnene Eindrücke	→ Eindrücke
• hinzuaddieren/ zusammenaddieren	→ addieren
• mit einbeziehen	→ einbeziehen
• neu renoviert	→ renoviert
• persönlich anwesend	→ anwesend
• Rückantwort	→ Antwort
• Telefonanruf	→ Anruf
• überwiegende Mehrheit	→ Mehrheit
• weiter fortfahren	→ fortfahren
• Zukunftsprognose	→ Prognose
• zurückerinnern	→ erinnern

Es kommt darauf an, wie es der Leser versteht

Manchmal ist auch zu überlegen, ob man Informationen auslagern kann. Zum Beispiel bietet es sich an, zusätzliche Informationen, übersichtlich dargestellt, als Anlage mitzuschicken. Eine andere Möglichkeit ist es, einfach ein weiteres Schreiben einige Tage später zu verschicken. Das kann auch nützlich sein, um den Kontakt zu halten.

Warum einfach, wenn es umständlich geht?

Aus der Gedächtnispsychologie ist bekannt, dass unser Gehirn nur etwa sieben Informationen auf einmal aufnehmen und im Kurzzeitgedächtnis speichern kann. Deshalb lautet ein wichtiger Ratschlag für einen verständlichen Briefstil: Nicht zuviel auf einmal! Packen Sie nicht zu viele Informationen in einen Satz und gestalten Sie keine kunstvollen Satzgebilde. Die Faustregel lautet: nur ein Hauptgedanke für einen Satz! Das soll Sie allerdings nicht dazu anleiten, nur kurze Sätze aneinanderzureihen und im sogenannten Asthmatiker-Stil zu schreiben.

Fachleute raten, kurze und längere Sätze abzuwechseln, damit der Text nicht zu eintönig wird. Achten Sie aber bei langen Sätzen darauf, dass sie logisch und klar strukturiert sind. Vermeiden Sie Schachtelsätze mit vielen Einschüben. Achten Sie auch darauf, wichtige Dinge am Satzanfang und nicht im Nebensatz unterzubringen.

Es kommt darauf an, wie es der Leser versteht

Einfacher Satzbau

☹ Wir möchten Sie darauf hinweisen, dass die XY-GmbH die Gewährleistungspflicht Ihres Händlers für Neugeräte, die der Handel über die XY-Vertriebs-GmbH bezogen hat, dadurch unterstützt, dass für den Käufer innerhalb von 6 Monaten ab Verkaufsdatum Funktionsmängel (Fabrikations- oder Materialfehler) in einer unserer Service-Filialen kostenlos, d. h. ohne Verrechnung von Arbeitszeit und Material, behoben werden.

☺ Fabrikations- oder Materialfehler werden in den ersten 6 Monaten nach dem Kauf ohne Berechnung von Arbeitszeit und Material in einer unserer Service-Filialen behoben. Dies gilt für alle Neugeräte, die Ihr Händler über die XY-Vertriebs-GmbH bezogen hat.

☹ Bitte teilen Sie uns mit, ob es ausreicht, wenn wir Ihnen unsere Vorschläge schriftlich zukommen lassen oder ob Frau Thomas mit Ihnen persönlich sprechen soll.

☺ Wünschen Sie von uns ein schriftliches Konzept oder soll Frau Thomas persönlich mit Ihnen sprechen?

☹ Wir bitten Sie, die Lieferbedingungen, die wir vereinbart haben, unbedingt einzuhalten.

☺ Bitte halten Sie die Lieferbedingungen ein.

☹ Sollten Sie noch Fragen haben, stehen wir Ihnen gerne unter der Nummer ... zur Verfügung.

☺ Ihre Fragen beantworte ich/beantworten wir/beantwortet Frau Körner gerne. Rufen Sie an:

Es kommt darauf an, wie es der Leser versteht

> ☹ Um Ihnen jetzt schon eine Möglichkeit zu geben, sich eine Vorstellung von dem geplanten Bedienungshandbuch zu machen, schicke ich Ihnen …
> ☺ Damit Sie sich schon eine Vorstellung vom geplanten Bedienungshandbuch machen können, erhalten Sie von uns …
>
> ☹ Wir kommen nicht umhin, Herrn Sauer zu informieren.
> ☺ Wir müssen Herrn Sauer informieren.

Positive Formulierungen

Wussten Sie, dass positive Formulierungen schneller verstanden und besser behalten werden als negative? Der durchschnittliche Leser braucht fast doppelt soviel Zeit, um eine verneinende Aussage zu verstehen. Klar, dafür muss er ja sozusagen „um die Ecke denken". Es widerspricht den Vorerwartungen des Lesers zu erfahren, was nicht ist – er will natürlich wissen, was ist. Versuchen Sie daher, Ihre Aussagen gerade zu formulieren und meiden Sie die doppelte Verneinung.

- nicht unklug → klug,
- unweit von → nah,
- nicht unvermeidbar → vermeidbar

> ☹ Ich schreibe die Provision nicht gut, bevor die Rechnung nicht bezahlt wurde.
> ☺ Ich schreibe die Provision gut, sobald die Rechnung bezahlt wurde.

Es kommt darauf an, wie es der Leser versteht

Sag, was du meinst und du bekommst, was du willst.

An diesem Spruch ist etwas Wahres dran. Das gilt natürlich nicht nur für das Geschäftsleben. Auch im Alltag ist es oft nützlich, klar und gerade heraus zu sagen, was man will. Man kann sich damit viel Ärger ersparen, z. B. auch in zwischenmenschlichen Beziehungen. Manche empfinden es als höflich, Dinge „durch die Blume" zu sagen. Kennen Sie das auch? Statt: „Mach bitte das Fenster zu.", heißt es dann: „Findest du nicht auch, dass es hier irgendwie zieht?" In einigen Situationen mag etwas Diplomatie angebracht sein, oft ist es aber mit Sicherheit günstiger und vor allem weniger missverständlich, die Dinge möglichst klar zu sagen.

Lesen Sie sich bitte die folgenden Beispielsätze durch und überlegen Sie sich, wie sie wirken.

- **Indirekte Formulierung:**
  Die ausgefüllten Anträge müssen bis zum Ende des Jahres zurückgeschickt werden.

- **Auf den Absender bezogene Formulierung:**
  Wir benötigen die ausgefüllten Anträge bis zum Ende des Jahres.

- **Auf den Empfänger bezogene Formulierung:**
  Bitte senden Sie die ausgefüllten Anträge bis zum Ende des Jahres an uns zurück.

Auch wenn keine dieser Formulierungen falsch ist, die letzte ist sicherlich die deutlichste, bei ihr wird der Leser direkt angesprochen. Schließlich geht es ja auch um ihn, er soll etwas tun. (Denken Sie auch an die Empfehlung, das Wörtchen „Sie" zu benutzen!)

Es kommt darauf an, wie es der Leser versteht

Häufig spielen in Geschäftsbriefen Zeitangaben eine wichtige Rolle. Auch hier gilt die Empfehlung, die Dinge möglichst konkret und direkt auszudrücken. Einige Beispiele:

Konkrete Zeitangaben

- ☹ ... wird noch einige Zeit in Anspruch nehmen.
- ☺ ... dauert voraussichtlich bis zum 13.09.

- ☹ in Kürze/bald
- ☺ in den nächsten Tagen, in der nächsten Woche, noch diesen Monat, in der 25. KW, am 17. August.

- ☹ Leider können wir Ihnen das Untersuchungsergebnis noch nicht mitteilen.
- ☺ Sie bekommen das Untersuchungsergebnis Ende nächster Woche.

- ☹ schnelle Lieferung
- ☺ Wir liefern innerhalb von 24 Stunden.

- ☹ lange Pause
- ☺ Pause von 2 Stunden

Manchmal ist es vielleicht nicht möglich, eine genaue Aussage zu machen. Dann kann man sich mit einem „voraussichtlich" behelfen. Damit legt man sich nicht so ganz fest und zeigt dennoch eine deutliche Tendenz auf. Psychologisch ungeschickt sind hier Verben wie bemühen oder versuchen, das wirkt unsicher und ausweichend. Kennen Sie die verschlüsselten Formulierungen in Arbeitszeugnissen? „Er bemühte sich stets, die ihm übertragenen Arbeiten zu unserer Zufriedenheit auszuführen". Das heißt soviel wie: „Er bemühte sich zwar, hat es aber meistens nicht hingekriegt."

Es kommt darauf an, wie es der Leser versteht

☹ Wir bemühen uns/versuchen, die Untersuchung in der nächsten Woche abzuschließen.

☺ Wir werden die Untersuchung vorraussichtlich in der nächsten Woche abschließen.

Clevere Tipps:

✓ Verwenden Sie geläufige Wörter und Abkürzungen, fügen Sie gegebenenfalls Erklärungen hinzu.

✓ Verständliche Texte sind oft kürzer: Überlegen Sie, welche Informationen oder Formulierungen überflüssig sind.

✓ Verzichten Sie möglichst auf „Vorreiter" und „weiße Schimmel".

✓ Vermeiden Sie komplizierte, verschachtelte Sätze. Die Faustregel lautet: Ein Hauptgedanke pro Satz.

✓ Schreiben Sie direkt und konkret, machen Sie möglichst genaue Zeitangaben.

Was ist guter Stil?

Über Geschmack lässt sich streiten

Was ist guter Stil?

Darüber, was guter Stil ist, kann man lange streiten. Anders als in der Mathematik, wo 1+1 eindeutig 2 ergibt, gibt es beim Schreiben kein eindeutiges Ergebnis. Jeder Mensch hat einen anderen Erfahrungshintergrund, andere Vorlieben und Wertungen. Und so wird es immer Leute geben, die ein und denselben Brief unterschiedlich beurteilen. Der eine mag z. B. die Anrede „Guten Tag" im Brief als freundlich und zeitgemäß empfinden, für einen anderen ist sie völlig daneben. Damit muss man immer leben. Letztlich müssen Sie natürlich selbst entscheiden, welche Formulierung – für den jeweiligen Empfänger, die jeweilige Schreibsituation – die beste ist.

Wichtig ist, dass der Stil dem Unternehmen entspricht, dass er zu den Produkten oder Dienstleistungen, die angeboten werden, passt. Ein modernes Unternehmen braucht eine moderne schriftliche Präsentation. Im Regelfall entspricht es dem heutigen beruflichen Alltag, dass Briefe kurz, verständlich und höflich formuliert werden, dass sie einfach angenehm zu lesen sind.

Ein Text liest sich im Allgemeinen am besten, wenn er der gesprochenen Sprache nahe kommt. Also, möglichst unverkrampft, aber natürlich trotzdem in einwandfreier Sprache schreiben. Meiden Sie sogenannte Papierwörter, also Wörter, die man nicht spricht, die nur in geschriebenen Texten vorkommen. Allerdings sollten Sie nicht schlampig werden, verwenden Sie bitte keine Umgangssprache, das wirkt unsachlich (z. B. Wörter wie abgefahren, echt, klasse, krass, prollig, super, toll). Stellen Sie sich die Frage: Würde ich das Wort auch beim Telefonieren mit der entsprechenden Person benutzen?

Was ist guter Stil?

**Die Zeiten ändern sich:
Veraltete Floskeln gehören nicht in moderne Briefe**

Noch vor einigen Jahren war es allgemein üblich, Geschäftsbriefe mit der Schlussformel „Hochachtungsvoll" zu beenden. Hin und wieder liest man auch heute noch ein Hochachtungsvoll, aber so nach und nach stirbt es aus, es passt einfach nicht mehr in unsere Zeit. So ähnlich ergeht es vielen Wendungen, die noch vor zehn oder zwanzig Jahren in der Geschäftskorrespondenz gang und gäbe waren.

Räumen Sie mit solchen Formulierungen auf, sonst kann es leicht passieren, dass der Text geschraubt und etwas altväterlich wirkt. In einer Zeit, in der man möglichst schnell zum Ziel kommt, können Sie auf unnötige und unmoderne Redewendungen verzichten.

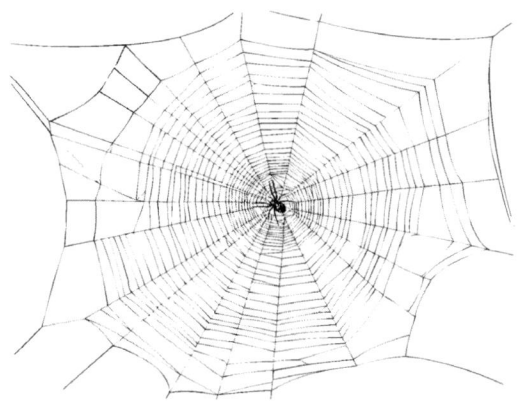

Was ist guter Stil?

Vermeiden Sie veraltete Ausdrücke!

- bitte ich Sie höflichst
- Ihr geschätztes Schreiben
- wäre ich Ihnen zu tiefstem Dank verbunden
- bitte gestatten Sie mir
- ich erlaube mir
- darf ich Sie bitten

- abschlägiger Bescheid
- antwortlich Ihres Briefes
- im Nachgang zum o. g. Auftrag
- in Beantwortung Ihres o. a. Schreibens
- in Erledigung Ihres Briefes
- Bezug nehmend auf
- beigefügt erhalten Sie
- diesbezügliche Information
- in Erwartung Ihrer Rückäußerung
- Ihrer Antwort mit Interesse entgegensehend
- verbleiben wir mit freundlichen Grüßen

- anlässlich
- baldmöglichst
- diesbezüglich
- seitens
- zwecks

Was ist guter Stil?

Der Konjunktiv

Der Konjunktiv, auch Möglichkeitsform genannt, beschreibt sprachwissenschaftlich etwas Ungewisses, Unwirkliches, eben etwas, das zwar möglich, aber nicht sicher ist. Meist erkennt man den Konjunktiv an dem Wort „würde". In vielen Geschäftsbriefen wird diese Form gewählt, weil sie als höflich gilt. Man kann sich ein bisschen dahinter verstecken, weil die Aussage durch den Konjunktiv abgeschwächt wird, sie lässt die Dinge noch offen. Ein moderner Schreibstil arbeitet stattdessen mit der sogenannten Wirklichkeitsform:

☹ Wir würden uns sehr freuen, wenn wir Sie auf der Einweihungsfeier begrüßen dürften

☺ **Wir freuen uns, Sie auf unserer Einweihungsfeier begrüßen zu dürfen.**

Das zweite Beispiel hört sich viel weniger zweifelhaft an, hier werden Nägel mit Köpfen gemacht.

Durch sogenannte Höflichkeits-Konjunktive sollen Bitten etwas abgeschwächt werden:

☹ Dürfte ich Sie bitten, mir die Unterlagen zu schicken?

☹ Wären Sie so nett und …

Auch diese Formen gehören in die Mottenkiste. Eine direkte, freundliche und höfliche Bitte führt besser zum Ziel:

☺ **Bitte schicken Sie mir die Unterlagen zu.**

Was ist guter Stil?

Wirklichkeitsform statt Möglichkeitsform

☹ Hätten Sie Zeit, am ... zu kommen?
☺ Können Sie am ... kommen? Kommen Sie bitte am ...

☹ Wären Sie so nett und würden uns informieren ...
☺ Bitte informieren Sie uns ...

☹ Wären Sie einverstanden mit einem Gespräch unter vier Augen?
☺ Kommen Sie bitte zu einem Gespräch unter vier Augen.

☹ Würden Sie die Warenproben begutachten?
☺ Bitte begutachten Sie die Warenproben.

☹ Unser Vorschlag wäre ...
☺ Unser Vorschlag:

Ähnlich wie beim Konjunktiv wird durch den Gebrauch des Wörtchens „möchte" eine Aussage abgeschwächt. Auch das wird von vielen Schreibern als höflicher empfunden. Inhaltlich ist das genau genommen Unsinn, denn was jemand möchte ist nicht unbedingt das, was er auch tut.

☹ Wir möchten Sie bitten, uns die Unterlagen so schnell wie möglich zukommen zu lassen
☺ Bitte senden Sie uns die Unterlagen so schnell wie möglich zu.

☹ Ich möchte Ihnen für Ihre weitere berufliche Zukunft alles Gute wünschen.
☺ Für Ihre weitere berufliche Zukunft wünsche ich Ihnen herzlich alles Gute.

☹ Ich möchte mich herzlich für die Glückwünsche bedanken.
☺ Herzlichen Dank für die freundlichen Glückwünsche!

Was ist guter Stil?

Verben und Substantive

Verben bringen Leben und Bewegung in Ihre Texte. Viele Geschäftsbriefe zeichnen sich aber eher durch übermäßigen Gebrauch von Substantiven (Hauptwörtern) aus. Das führt zu einem unpersönlichen, trockenen, schwer lesbaren Stil. Es klingt viel flüssiger und ist leichter verständlich, wenn man, wo möglich, mit Verben (Tätigkeitswörtern) formuliert.

Vergleichen Sie selbst:

> ☹ Wegen der Änderung unserer Sprechzeiten …
> ☺ Unsere Sprechzeiten haben sich geändert. Deshalb …
>
> ☹ Es besteht Handlungsbedarf.
> ☺ Es muss etwas getan werden.
>
> ☹ Bei Inbetriebnahme des Gerätes …
> ☺ Als das Gerät angeschaltet wurde …
>
> ☹ In dieser Sache muss eine Klärung erfolgen.
> ☺ Diese Sache muss noch geklärt werden.
>
> ☹ Zur Bearbeitung Ihres Antrages bitten wir um Einreichung folgender Unterlagen:
> ☺ Bitte schicken Sie uns folgende Unterlagen, damit wir Ihren Antrag bearbeiten können:

Bei den sogenannten Streckkonstruktionen wird ein Verb (z. B. prüfen) in ein Substantiv verwandelt (Prüfung). Da man aber einen Vorgang bzw. eine Tätigkeit ausdrücken will, muss noch ein weiteres Verb angehängt werden (Prüfung durchführen). Die auf diese Weise aufgeblähten Ausdrücke lesen sich schwerfällig und sind schwer zu erfassen. Dennoch findet man sie nach wie vor häufig in Geschäftsbriefen.

Was ist guter Stil?

Vermeiden Sie Streckkonstruktionen

• zum Versand bringen	→ versenden
• in Abzug bringen	→ abziehen
• in Augenschein nehmen	→ anschauen
• zur Auslieferung bringen	→ ausliefern
• in Betracht ziehen	→ beachten, berücksichtigen
• in Rechnung stellen	→ berechnen
• Beschluss fassen	→ beschließen
• Entscheidung herbeiführen	→ entscheiden
• in Erinnerung bringen	→ erinnern
• Genehmigung erteilen	→ genehmigen
• eine Prüfung durchführen	→ prüfen
• Sorge tragen	→ sorgen
• Überweisung vornehmen	→ überweisen
• Beiträge entrichten	→ zahlen

Die persönliche Anrede

Über die Verwendung des Wörtchens „Sie" haben wir schon im Kapitel über empfängerfreundliche Briefe gesprochen. Die persönliche, direkte Anrede stellt den Leser in den Mittelpunkt, sie zeigt, dass es um ihn geht. Früher war es in Geschäftsbriefen allgemein üblich, sich hinter einer unpersönlichen, sachlichen Formulierung zu verstecken. Heute geht der Trend zu einem persönlichen Stil, bei dem Ross und Reiter genannt werden.

Was ist guter Stil?

Weit verbreitet ist die Angewohnheit, die persönliche Anrede zu vermeiden indem das Wörtchen „man" verwendet wird. Das Verlockende an „man" ist, dass es nicht zu packen ist. „Man", das ist niemand und alle gleichzeitig. Manche Schreiber empfinden das vielleicht als höfliche Distanz. Damit vergeben sie aber auch die Möglichkeit zur direkten Ansprache. Überlegen Sie bitte selbst, durch welchen der folgenden Sätze fühlen Sie sich eher angesprochen?

Wer ist „man"?

- ☹ Dieses Produkt wird schon seit 30 Jahren verwendet, man hat gute Erfahrungen gemacht.
- ☺ Unsere Kunden verwenden dieses Produkt schon seit 30 Jahren und haben sehr gute Erfahrungen damit gemacht.

- ☹ Man war bisher mit dem Verfahren sehr zufrieden.
- ☺ Unsere Lieferanten waren mit dem bisherigen Verfahren sehr zufrieden.

- ☹ Dieses Gerät kann man sehr vielfältig einsetzen.
- ☺ Dieses Gerät können Sie sehr vielfältig einsetzen.

- ☹ Man freut sich doch über eine Verbesserung.
- ☺ Sie freuen sich doch über eine Verbesserung.

- ☹ Man kann damit rechnen, dass …
- ☺ Sie können damit rechnen, dass …

Was ist guter Stil?

Ein anderer Weg, die persönliche Ansprache zu umgehen, ist die Verwendung der Passivform. Auch das Passiv ermöglicht es, den Handelnden in einer Aussage unter den Tisch fallen zu lassen:

„Es wurde eine interessante Präsentation vorgeführt."

Verwenden Sie, wenn es möglich ist, besser aktive Formulierungen. Sie klingen lebendiger und sind besser verständlich:

„Frau Meier führte eine interessante Präsentation vor."

Manchmal wird das Passiv verwendet, um sich bei negativen Mitteilungen hinter einer höheren Instanz zu verstecken. Im Allgemeinen wird eine solche Augenwischerei aber sowieso erkannt und eher übel genommen. Meist ist es der bessere Stil, einfach zu der Wahrheit zu stehen.

Aktiv statt Passiv

☹ Das Verfahren wurde von allen Betroffenen kritisiert.
☺ Alle Betroffenen kritisierten das Verfahren.

☹ Es wird von den Mitarbeitern erwartet, …
☺ Wir erwarten von unseren Mitarbeitern …

☹ Diese Unterlagen sind mitzubringen.
☺ Bringen Sie bitte folgende Unterlagen mit.

☹ Es wurde leider übersehen, dass die Rechnung noch nicht beglichen war.
☺ Wir haben leider versäumt, die Rechnung zu bezahlen.

☹ Die Waren konnten noch nicht geliefert werden.
☺ Wir konnten die Ware noch nicht liefern.

☹ Die Überweisung erfolgte zu Unrecht.
☺ Wir haben das Geld irrtümlich an Sie überwiesen.

Was ist guter Stil?

Angebracht ist das Passiv, wenn der Handelnde unwichtig oder unbekannt ist: „Die Ausstellung wird am 31.08. eröffnet."

Allerdings kann das Passiv auch hin und wieder eine elegante Möglichkeit sein, um eine direkte Schuldzuweisung zu vermeiden. So mag es durchaus Situationen geben, in denen es günstig ist, sich diplomatisch auszudrücken.

- Die Unterlagen wurden noch nicht überprüft.
- ? Herr Schulz hat die Unterlagen noch nicht überprüft.

- Die Rechnung wurde noch nicht bezahlt.
- ? Sie haben unsere Rechnung noch nicht bezahlt.

Clevere Tipps

✓ Vermeiden Sie „Papierdeutsch". Überlegen Sie, wie Sie sich am Telefon ausdrücken würden.

✓ Verzichten Sie auf altmodische Ausdrücke.

✓ Gehen Sie sparsam mit dem Konjunktiv um.

✓ Schreiben Sie nicht „Ich möchte Ihnen gratulieren …", sondern gratulieren Sie einfach.

✓ Verwenden Sie viele Verben und wenig Substantive.

✓ Schreiben Sie persönlich: Verwenden Sie möglichst das Aktiv und vermeiden Sie das Wörtchen „man".

Auch das sind Geschäftsbriefe:

Faxe und E-Mails

Faxe und E-Mails

Die Tipps und Hinweise, die Sie bisher zum Thema Geschäftsbrief gelesen haben, gelten grundsätzlich natürlich genauso für Faxe und E-Mails. Wo aber liegen die Besonderheiten?

Faxe

Das Telefax, abgekürzt Fax, ist ein Geschäftsbrief, der statt mit der Post als Kopie über die Telefonleitung versandt wird. So verbindet das Fax die Schnelligkeit des Telefons mit der Genauigkeit des geschriebenen Textes. Bei extrem eiligen Sachverhalten ist das Fax sehr nützlich, manchmal wird auch einfach aus Bequemlichkeit gefaxt. Es macht allerdings keinen guten Eindruck, wenn man eine terminlich gebundene Angelegenheit bis zur letzten Minute liegen lässt und dann faxt.

Bedenken Sie auch, dass ein Fax einen Teil der Kosten auf den Empfänger verlagert. Bei sogenannten halbgeschäftlichen Briefen (Glückwünsche, Danksagungen, Einladungen) ist es meistens nicht angebracht, zu faxen. Ebenso verbieten sich vertrauliche Mitteilungen und private Inhalte im Geschäftsleben zu faxen.

Faxe und E-Mails

Beispiel für einen einfachen Fax-Formular-Kopf

TELEFAX

Empfänger	Absender
	Abteilung
	Telefon
	Fax
Betreff	E-Mail
Datum	Seitenzahl

Text

Grundsätzlich orientiert sich das Fax an den üblichen formalen Regeln des Geschäftsbriefes. Allerdings ist es beim Faxen häufiger der Fall, dass Mitteilungen auf die Schnelle geschrieben werden und eher formlos gestaltet sind. Das stört normalerweise – gerade wenn es eilig ist – niemanden. Der Adresskopf kann natürlich wegfallen, üblich ist es allerdings, Namen und Faxnummer von Empfänger und Absender aufzuführen. Die Faxnummer des Absenders ist bei Fehlleitungen und Rückfragen wichtig, manchmal lässt sich die automatisch eingedruckte Faxnummer des Sendenden nicht gut lesen.

Faxe und E-Mails

Außerdem empfiehlt es sich anzugeben, wie viele Seiten das Schreiben umfasst. Dass die Faxnummer des Empfängers mit angegeben wird, ist bei Fehlleitungen eine Hilfe.

Handschriftliche Zusätze bzw. handschriftliche Mitteilungen sind aufgrund der Zeitersparnis durchaus üblich. Oft wird eine Antwort auf dem Originaltext zurückgefaxt. Es empfiehlt sich, mit einer kurzen Bemerkung klar zu machen, ob Ihnen ein solches Vorgehen angenehm ist (z. B.: „Bitte einfach mit Ihrer Antwort auf diesem Schreiben zurückfaxen"). Ebenso erleichtert es dem Empfänger die Arbeit, wenn Sie beispielsweise ankündigen, dass ein Brief, der aus Dringlichkeitsgründen vorab gefaxt wird, auch auf dem Postweg folgt (z. B.: „Original folgt per Post").

E-Mails

Das Versenden von Electronic Mails hat einen großen Vorteil: Es geht sehr schnell. Die Information ist rund um den Erdball in wenigen Minuten beim Empfänger. Das spart Zeit und Geld. Mit einem guten Ablagesystem lässt sich die Verwaltung von Dokumenten einfacher und komfortabler als in Aktenordnern erledigen. Hinzu kommt, dass dabei nur relativ geringe Kosten anfallen.

Ein bedenkenswerter Nachteil sind allerdings die Sicherheitsmängel. Bei der Datenübermittlung können Pannen auftreten. Elektronische Sicherheitsmaßnahmen durch Verschlüsselungsverfahren sollen hier Schutz bieten. Sensible Daten sollten Sie aber sicherheitshalber mit der Post verschicken, ebenso alle Aussagen, die verbindlichen Charakter haben (Verträge, Widerrufe, Absagen, Zusagen).

Werden E-Mails als Ersatz für einen Geschäftsbrief eingesetzt, sind auch hierfür Regelungen der DIN 5008 zu beachten. Dies betrifft aber nicht Mitteilungen, die intern verschickt werden.

Faxe und E-Mails

Der E-Mail-Kopf wird durch das Programm vorgegeben: Hier finden sich Angaben zu E-Mail-Adresse, Verteiler und Betreff.

Zur inhaltlichen Form gelten die Regeln, die für den Geschäftsbrief bereits dargelegt wurden. Im Allgemeinen ist in E-Mails jedoch ein wesentlich lässigerer Stil üblich als im Brief. Die E-Mail ist ja eher ein flüchtiges Medium, dem Telefon ähnlich. Das sollte Sie allerdings nicht dazu verführen, Rechtschreibung oder Grammatik zu vernachlässigen. Briefe, die geschäftlichen Charakter haben, sollen auch dem Anlass entsprechen. Achten Sie also genauso auf den Stil wie beim Papierbrief und verzichten Sie bitte auch nicht auf Anrede oder Gruß.

Günstig ist es, dass man problemlos aus dem Text einer anderen E-Mail zitieren kann. Häufig ist es einfacher, so auf Fragen und Anmerkungen direkt einzugehen. ==Seien Sie aber vorsichtig mit Hervorhebungen wie Fettdruck oder Unterstreichungen,== möglicherweise sieht das Schreiben am Bildschirm des Empfängers völlig anders aus als bei Ihnen. Firmenintern ist das in der Regel allerdings kein Problem.

Der Betreff ist bei E-Mails noch wichtiger als im Brief. Je mehr Nachrichten jemand erhält, desto wichtiger wird die gute und markante Formulierung. In einigen Firmen sind Kategorisierungen üblich, damit man die E-Mail direkt einordnen kann (z. B.: Termin, Info, Frage). Bei der (Un-)Menge von E-Mails, die tagtäglich an so manchem Arbeitsplatz eintreffen, ist das sicherlich keine schlechte Idee! Übrigens: umfangreiche, erläuternde Daten (lange Texte, Tabellen, Grafiken) gehören in den Anhang, das Attachment.

Der Abschluss einer E-Mail, die extern als Geschäftsmitteilung verschickt wird, ist auch in DIN 5008 geregelt.

Faxe und E-Mails

Nach der Grußformel (z. B. „Freundliche Grüße) folgen der Name des Unternehmens mit genauer Firmenbezeichnung sowie der persönliche Name des Absenders (d. h. des Sachbearbeiters/der Sachbearbeiterin). Danach folgen Angaben zu Telefon- und Faxnummer sowie E-Mail- und Internetadresse.

Der Abschluss der E-Mail wird meist als fertiger Textbaustein automatisch hinzugefügt.

Die **Pflichtangaben für E-Mails** sind im Gesetz über elektronische Handelsregister- und Genossenschaftsregister sowie das Unternehmensregister (EHUG) geregelt. Diese Regelung gilt seit dem 1. Januar 2007 für alle im Handelsregister eingetragenen Unternehmen.

Immer angegeben werden müssen in einer gewerblichen E-Mail – unabhängig von der Rechtsform:

- die Firma mit Rechtsform
- der Ort der Handelsniederlassung
- das zuständige Registergericht
- die Handelsregisternummer

Bei bestimmten Gesellschaftsformen sind weitere Angaben erforderlich (wie bei den Geschäftspapieren):

- Bei einer GmbH sind alle Geschäftsführer mit Familiennamen und mindestens einem Vornamen aufzuführen.
- Bei einer Aktiengesellschaft ist neben den Vorständen auch der Vorsitzende des Aufsichtsrats zu nennen (Vor- und Familiennamen). Dasselbe gilt für eine GmbH mit Aufsichtsrat.

Quelle: Kaufmann/Kauffrau für Bürokommunikation, Bestell-Nr. 230, und Bürokaufmann/Bürokauffrau, Bestell-Nr. 30, Prüfungstrainer zur Abschlussprüfung Bürowirtschaft und WiSo, U-Form Verlag

Faxe und E-Mails

Was heißt eigentlich Cc und Bcc?

Beim Versenden einer E-Mail haben Sie die Möglichkeit, neben dem eigentlichen Empfänger im Feld „An" noch weitere Empfänger in die Felder „Cc" und „Bcc" einzutragen.

Cc bedeutet Carbon copy. Übersetzt heißt das „Kohlepapierkopie", ein Ausdruck aus einer Zeit, wo man mit der Schreibmaschine Durchschläge machte, um Kopien zu bekommen. Jeder in diesem Feld eingetragene Empfänger erhält eine Kopie der E-Mail, das ist auch für die anderen Empfänger sichtbar.

Bcc bedeutet Blind carbon copy. Die Übersetzung lautet „Blinde Kohlepapierkopie". Wenn Sie in diesem Feld eine oder mehrere E-Mail-Adressen eintragen, erkennen die anderen Empfänger (aus den Feldern „An" und „Cc") nicht, dass Sie die E-Mail auch an diese Personen geschickt haben. Das ist nützlich, wenn man vermeiden will, dass die jeweilige E-Mail-Adresse für die anderen Empfänger einsehbar ist. Natürlich können Sie in beiden Feldern jeweils mehrere E-Mail-Adressen eintragen.

Faxe und E-Mails

Emoticons (aus Emotion + Icon)

In der klassischen Geschäftspost haben solche Spielereien sicherlich nichts zu suchen. Aber je nach Adressat kann man mit den kleinen Bildern einen Text ein wenig auflockern. Sie machen einfach Spaß.

:-)	gut, das freut mich
:-)))	sehr gut, ich bin völlig glücklich
:-o	überrascht, ich bin entsetzt
:-D	lautes Lachen
:-I	ernst, darüber kann ich nicht lachen
:-x	Küsschen
:'-(	weinend
:-\	unentschlossen
;-)	augenzwinkernd, nicht ganz ernst gemeint
:-(	traurig, ich bin enttäuscht, genervt
~~:-[	wütend, ich bin sauer

Faxe und E-Mails

Akronyme (Abkürzungen)

Leute, die sich oft im Internet bewegen, verwenden gerne englische Abkürzungen. Sie selbst sollten sie nur benutzen, wenn Sie ganz sicher sind, dass der Empfänger sie kennt und den lockeren Stil nicht übel nimmt!

ASAP	as soon as possible (so bald wie möglich)
AFAIK	as far as I know (so viel ich weiß)
FYI	for your information (zu deiner/Ihrer Information)
IMO	in my opinion (meiner Meinung nach)
OTOH	on the other hand (andererseits)
2l8	too late (zu spät)
POV	Point of view (Gesichtspunkt)
B4	before (vorher)
CUL	See you later (Bis später)
BTW	By the way (übrigens)

Faxe und E-Mails

Clevere Tipps

✓ Vernachlässigen Sie nicht die Rechtschreibung.

✓ Faxen Sie nicht auf den letzten Drücker.

✓ Faxen und mailen Sie keine vertraulichen Mitteilungen.

✓ Der Betreff ist bei E-Mails, zur besseren Einordnung, besonders wichtig.

✓ Nutzen Sie Cc, um mehrere Empfänger zu erreichen.

✓ Nutzen Sie Bcc, wenn diese Empfänger nicht wissen sollen wer Ihre Information sonst noch erhält.

✓ Denken Sie an Sicherheitsmängel bei der Datenübermittlung.

Checkliste für gute Geschäftsbriefe

Das Wichtigste noch einmal auf einen Blick:

- **Gibt der Brief ein angenehmes Gesamtbild ab?
  Wie ist der erste Eindruck?**
  - ✓ Schriftart, Schriftgröße gut leserlich
  - ✓ korrekte Platzierung der Briefelemente wie Adresse, Betreff usw.
  - ✓ gute Verteilung des gesamten Textes auf der/den Seite(n)
  - ✓ Luft im Text (Absätze nicht zu lang, Leerzeilen zwischen den Absätzen, evtl. Auflockerung durch Aufzählungen, Hervorhebungen)

- **Ist die Zielsetzung klar erkennbar?
  Ist der Brief inhaltlich gut gegliedert?**
  - ✓ Betreff informativ und aussagefähig
  - ✓ Informationen in schlüssiger Reihenfolge
  - ✓ Hilfsmittel zur inhaltlichen Gliederung genutzt (Schlüsselwörter, Ankündigungen mit Doppelpunkt, Fragen, Aufzählungen, Hervorhebungen)
  - ✓ pro Sinneinheit ein Absatz

- **Ist der Brief empfängerfreundlich formuliert?**
  - ✓ direkte Ansprache mit dem Wörtchen „Sie"
  - ✓ positive und höfliche Ausdrucksweise
  - ✓ Briefbeginn und Briefende positiv
  - ✓ angemessene Danksagungen und Entschuldigungen
  - ✓ insbesondere bei „schwierigen" Briefen: höflicher und wohlwollender Stil
  - ✓ bei Antwortbriefen: alles beachten, was im Brief des Empfängers angesprochen wurde

Checkliste für gute Geschäftsbriefe

- Ist der Brief gut verständlich?
    - ✓ geläufige Wörter und Abkürzungen, ungeläufige Ausdrücke erklärt
    - ✓ keine überflüssigen Informationen oder Formulierungen
    - ✓ keine unnötigen Satzeinleitungen („Vorreiter")
    - ✓ keine Tautologien („weiße Schimmel")
    - ✓ einfache Sätze, pro Hauptgedanke ein Satz
    - ✓ direkt und konkret formuliert

- Liest sich der Brief flüssig? Ist der Stil modern?
    - ✓ kein „Papierdeutsch"
    - ✓ keine altmodischen Wendungen
    - ✓ Konjunktiv nur wenn nötig
    - ✓ viele Verben, weniger Substantive
    - ✓ persönlicher Stil: Aktiv statt Passiv, „Sie" und „wir" statt „man"

Zum Schluss: Clevere Tipps zum Schreiben

✓ Überlegen Sie zuerst: Was genau will ich mit meinem Brief, meinem Fax, meiner E-Mail erreichen?

✓ Versuchen Sie nicht, auf Anhieb alles druckreif zu formulieren. Wenn Ihnen gar nichts einfällt, schreiben Sie erst mal drauf los und überarbeiten Sie den Text in weiteren Durchgängen.

✓ Legen Sie sich eine Sammlung von gelungenen Formulierungen an.

✓ Schreiben Sie auf, welche Formulierungen Sie verbessern möchten. Bringen Sie den Zettel an Ihrem Arbeitsplatz so an, dass Sie ihn gut sehen können.

✓ Lesen Sie Ihren Brief zum Schluss noch einmal laut durch und versetzen Sie sich dabei bewusst in die Lage des Empfängers.

Wichtige Adressen

Anschrift ✉

E-Mail @

Telefon ☎

Anschrift ✉

E-Mail @

Telefon ☎

Anschrift ✉

E-Mail @

Telefon ☎

Wichtige Adressen

Anschrift ✉

E-Mail @

Telefon ☎

Anschrift ✉

E-Mail @

Telefon ☎

Anschrift ✉

E-Mail @

Telefon ☎

Eigene Textbausteine

Ihre persönliche Sammlung gelungener Formulierungen:

Eigene Textbausteine

Eigene Textbausteine

Ihre persönliche Sammlung gelungener Formulierungen:

Eigene Textbausteine

**Maßgeschneidert, erfolgreich & sicher:
Unser Angebot für Ihre Prüfung.**

Das Erfolgskonzept: Prüfungstrainer

Die U-Form Prüfungstrainer sind das Erfolgskonzept guter Azubis seit mehr als 40 Jahren. Und warum? Ganz einfach:

- **Schneller lernen** – Wissen testen, vertiefen und erweitern in nur einem Schritt
- **Das Richtige lernen** – auf Basis der IHK-Prüfungskataloge
- **Auf den Punkt lernen** – viele prüfungsnahe Fragestellungen
- **Alles verstehen** – gut und ausführlich erklärte Lösungen
- **Vertrauen können** – von Profis erstellt und immer auf dem aktuellen Stand

Das Original: die IHK-Prüfungen

Die IHK-Zwischen- und Abschlussprüfung der letzten drei Prüfungstermine

Die richtige Prüfung für Sie: www.u-form.de

Die Lösung: Lösungserläuterungen

Für alle, die sich ausformulierte Lösungen zu den IHK-Prüfungen wünschen, gibt es die U-Form Lösungserläuterungen. Das ist mehr Wissen ohne mehr Aufwand.

- Perfekt ergänzt – auf die original IHK-Prüfungen abgestimmt
- Richtig formuliert – ausformulierte Lösungsvorschläge für die offenen Aufgabenstellungen
- Gut erklärt – Lösungserläuterungen für die Multiple-Choice-Aufgaben

Die Cleveren – klein und praktisch

Clevere Tipps zum Prüfungsendspurt   **6.50 Euro**
Best.-Nr. 981

Info: Clevere Tipps für die Prüfungsvorbereitung, die Prüfung und die Zeit nach der Prüfung.

Der clevere Formeltrainer   **12.99 Euro**
Best.-Nr. 973

Info: Arbeitsbuch mit vielen Rechen- und Textaufgaben zu allen kaufmännischen Themengebieten.
Alle Rechenwege werden erläutert.

10 + 1 Clevere Tipps für die mündliche Prüfung   **6.50 Euro**
Best.-Nr. 95

Info: Viele clevere Tipps sowohl zur Prüfungsvorbereitung als auch für die Prüfung selbst.

Prüfung – Mit U-Form kein Problem!
Für clevere Auszubildende: U-Form Prüfungstrainer mit Pfiff

Das Besondere der U-Form Prüfungstrainer: viele Musteraufgaben wie in der Prüfung. Damit man alles besser versteht und behält, wird im Lösungsteil der Zusammenhang ausführlich erläutert. Grafiken, Bilder und Karikaturen machen das Ganze lebendig.

U-Form Prüfungstrainer sind für folgende Ausbildungsberufe/ Berufsgruppen erhältlich:

- Automobilkaufmann/-frau
- Bankkaufmann/-frau
- Bürokaufmann/-frau
- Fachkraft für Lagerlogistik
- Fachlagerist/-in
- Gastgewerbe
- Immobilienkaufmann/-frau
- Industriekaufmann/-frau
- IT-Berufe
- Kfm./Kffr. für Bürokommunikation
- Kfm./Kffr. für Büromanagement
- Kfm./Kffr. für Spedition und Logistikdienstleistung
- Kfm./Kffr. für Versicherungen und Finanzen
- Kfm./Kffr. im Einzelhandel/Verkäufer/in
- Kfm./Kffr. im Groß- und Außenhandel

Gerne senden wir Ihnen kostenloses Prospektmaterial zu! Anruf, E-Mail oder Fax genügt!

U-Form Verlag | Cronenberger Str. 58 | 42651 Solingen
Telefon 0212 22207-0 | Fax 0212 208963
E-Mail: uform@u-form.de | Internet: www.u-form.de